一道都不能少

∼ 栽植 ∼

富岗苹果128道标准化生产工序的第1—16道：整地、修建排水系统、定植苗木前均匀施肥、挖定植坑、沉实定植带、选苗、苗木处理、定植苗木、灌定植水……

∼ 幼树期管理 ∼

富岗苹果128道标准化生产工序的第17—29道：萌芽后抹芽、用发枝素促枝、使用保水剂、培养树形、防治卷叶蛾、防治苹果小叶病、叶面喷施沼气液……

∼ 结果期管理 ∼

富岗苹果128道标准化生产工序的第30—44道：一年生枝条全部刻芽、春季防病治虫、春季施肥、浇萌芽水、萌芽后抹芽、叶面喷施生物钾肥……

∼ 盛果期管理 ∼

富岗苹果128道标准化生产工序的第45—128道：冬季修剪、采集枝条、抹芽、花前复剪、刮除轮纹病病斑、刮除腐烂病病斑、涂草木灰原液……

谨以此书

向中华人民共和国70华诞献礼！

　　李保国同志 35 年如一日，坚持全心全意为
人民服务的宗旨，长期奋战在扶贫攻坚和科技创
新第一线，把毕生精力投入到山区生态建设和科
技富民事业之中，用自己的模范行动彰显了共产
党员的优秀品格，事迹感人至深。李保国同志堪
称新时期共产党人的楷模，知识分子的优秀代表，
太行山上的新愚公。广大党员、干部和教育、科
技工作者要学习李保国同志心系群众、扎实苦干、
奋发作为、无私奉献的高尚精神，自觉为人民服务、
为人民造福，努力做出无愧于时代的业绩。

——习近平对李保国同志先进事迹做出重要批示

一道都不能少

实施李保国富岗苹果128道标准化生产工序的故事

杨振宇　著

编委会主任　　张　辉

编委会副主任　杨　辉　郭素萍　刘新会　王智勇

编委会委员　　齐国辉　梁月稳　刘增舰　杨双奎　李东奇

特邀编辑　　　王智勇　刘增舰　赵丽静

河北大学出版社

·保定·

出 版 人：耿金龙
选题策划：何　东
责任编辑：何　东　赵彩霞
装帧设计：赵　谦　王占梅
责任校对：刘文娜
责任印制：靳云飞

图书在版编目（CIP）数据

　　一道都不能少：实施李保国富岗苹果128道标准化生产工序的故事 / 杨振宇著 . -- 保定：河北大学出版社，2019.4
　　ISBN 978-7-5666-1461-2

　　Ⅰ．①一… Ⅱ．①杨… Ⅲ．①苹果－果树园艺－普及读物 Ⅳ．① S661.1-49

中国版本图书馆 CIP 数据核字（2019）第 042413 号

出版发行：河北大学出版社
　　　　　地址：河北省保定市七一东路2666号　邮编：071000
　　　　　电话：0312－5073003　0312－5073029
　　　　　网址：www.hbdxcbs.com
　　　　　邮箱：hbdxcbs818@163.com
印　　刷：河北新华第一印刷有限责任公司
幅面尺寸：170 mm×230 mm
字　　数：260千字
印　　张：21.5
版　　次：2019年4月第1版
　　　　　2019年4月第1次印刷
书　　号：ISBN 978-7-5666-1461-2
定　　价：43.50 元

一花独放不是春 百花齐放春满园

（代序）

富岗苹果 128 道标准化生产工序，是河北农业大学李保国教授为富岗苹果量身定做的生产管理技术。它将生产过程各环节纳入标准化生产和标准化管理轨道，形成了果农通俗易懂的 128 道生产工序，是迄今为止国内唯一的红富士苹果生产和质量标准。

作为富岗苹果生产基地的岗底村的果农们，按照富岗苹果 128 道标准化生产工序管理苹果树，像工人生产标准件一样生产苹果，使其着色、个头儿、果型、口感、品质等，一模一样。标准化生产使富岗苹果富含 18 种氨基酸，其中 15 种高于国家标准，富岗苹果也因此先后获得世博会银奖，奥运会专用果、"中华名果"称号，成为中国驰名商标。1 个苹果卖到 100 元，岗底人靠种富岗苹果走上了富裕路，人均年收入达到 4.3 万元。昔日的穷山村，一跃成为全国的先进典型。

富岗苹果 128 道标准化生产工序被媒体报道后，在社会上引起了强烈反响。来岗底村参观学习的、打电话咨询的、通过亲戚朋友索要资料的人令富岗公司生产技术服务部应接不暇。有人说："教会徒弟，饿死师傅。"岗底村党总支书记杨双牛却说："一花独放不是春，百花齐放春满园。把技术奉献给社会，是岗底人应有的责任和担当，也是李保国教授的初衷。"

富岗苹果 128 道标准化生产工序通俗易懂，掌握起来并不难，可许多果农学了后却没有认真实施，有的甚至打了折扣。"促进农业先进适用技术到田入户"说起来容易，做起来难。关键是要让农民从心眼儿里接受，只有心眼儿里接受了才能"入脑""入户""到田"。岗底村果农在实施富岗苹果 128 道标准化生产工序过程中，发生了很多生动的故事。于是，我利用工作之余，按照 128 道工序编写了 137 个科普故事，用身边的事启发身边的人，使果农们读起来不仅"地理"上接近，"心理"上也接近，感到亲切、认同。写这本书的目的就是要让富岗苹果 128 道标准化生产工序在广大山区和农村落地生根，开花结果，让更多的农民脱贫致富奔小康。

这本故事集在编写过程中，得到了李保国教授的爱人、河北农业大学研究员郭素萍老师的大力支持，在此表示衷心感谢！恰逢李保国教授逝世 3 周年，是为记。由于水平所限，书中难免有不足之处，恳请读者批评指正。

杨振宇

2019 年 2 月

目 录

栽植

第 1 道工序：整地

一、在平地栽植苹果树时，整地的方式有 3 种：（1）带状整地，挖成宽 1—1.2 米、深 0.8—1.0 米的长条沟，然后将土回填，形成定植带；（2）穴状整地，挖成 1 米 ×1 米 ×1 米的定植坑；（3）全面整地，用沟机将果园深翻 80—100 厘米。二、在山坡上栽植苹果树时，整地的方式为：（1）山坡坡度 10—20 度的修建梯田；（2）山坡坡度 20—25 度的修建隔坡沟状梯田，也叫"水平沟"。

要想种好树　整地是基础

1985 年春天，冰消雪融，万物复苏，正是植树造林的季节。岗底村党支部书记杨双牛，带领全村男女老少来到西垴上栽种苹果树。那时候，全村分成 12 个小组，每个小组包一块地，限期完成种树任务。由于西垴是红土地，土质坚硬，不利于苹果树根系生长，按照技术要求，要打眼放炮把土炸松，然后挖成 1 米见方的树坑，把苹果树苗栽上。

一组和二组分包的地块紧挨着。一组的是麦田，二组的是春地。一组组长带领全组人员严格按照技术要求，打眼放炮，挖的树坑长宽深都保证 1 米以上，虽然费工时，进度慢，但保证了质量；二组却不那么实在，不打眼不放炮，光用铁锹挖，树坑的长宽深不到 80 厘米，因偷工取巧，早早就完成了栽种苹果树的任务。

到了 1988 年，两块地的苹果树长势有了明显差别。一组栽种的苹果树主干直径达 3 厘米以上，二组栽种的苹果树主干直径才 2 厘米。又过了两年，一组栽种的苹果树树干粗，树冠大，开始结果。二组栽种的苹果树明显树干细，树冠小，坐不住果。由于树体弱，容易发生病虫害，又影响到树体的成长，后来变成了"老小树"。到了盛果期，一组栽种的那块苹果树，亩产达到 3000 公斤，果品质量好，卖的价钱高；二组栽种的那块苹果树，亩产只有 1500 公斤，果品质量差，卖的价钱低。到了 2011 年，一组的苹果树树势健壮，产量稳定；二组的苹果树早已衰老，产果更少，只好全园淘汰。这正是整地不下劲儿，耽误树一辈儿。

后来，岗底人在实践中总结出一套整地的具体操作方法，对田面宽度、整地深度、隔坡宽度、梯田走向、测量定线、爆破施工、排水系统等，制定详细的标准。在后来的栽种苹果树过程中，严格按照标准操作。全村 3000 多亩苹果树，棵棵树体健壮，枝繁叶茂，稳产高产。

第 2 道工序：修建排水系统

山坡上的苹果园在整地的同时，横向每隔 80—100 米修筑一条纵向排水沟。排水沟要用石头水泥浆砌成或水泥石子浇筑，长久耐用，既可排水，又能浇灌，还可行人。

宁可有不用　不可用时无

1994 年初冬，随着"轰"的一声炮响，内丘县侯家庄村拉开了治山造田的序幕。

侯家庄村对面就是岗底村。10 年前，岗底人在村党支部书记杨双牛的带领下，依靠集体的力量，苦干两年，硬是把 8000 亩荒山变成了花果山。到了 1993 年，满山遍野的苹果树鼓起了岗底人的腰包。同在一个太阳下，同住一条山沟中，岗底的山上为啥能长宝，侯家庄村的山上为啥只长草？侯家庄人不服气，也开始劈山造田，决心像岗底村那样，把荒山变成花果山。

说起岗底人治山造田来，其中还有一个故事。党的十一届三中全会后，岗底村把 8000 亩荒山分到每家每户。几年过去了，8000 亩荒山面貌依旧。当时，群众也想治山，但由于一家一户力量分散，人心不齐，治山造田只能挂在嘴上。1983 年，杨双牛从部队复员后，当选为岗底村党支部书记。他经过调查研究，征求村民意见，冒着被免职的危险，把荒山收归集体，依靠集体的力量，打响了治山造田的攻坚战。他们统一测量，统一规划，科学施工，修建隔坡沟状梯田。他们修的梯田坡根低、外沿高，形成外口嗽嘴里流水的水平台面。在修建隔坡沟状梯田的同时，水利专家建议他们在坡面上纵向每隔80—100米修一条排水沟。当时有人提出反对意见，理由是咱这里几十年没下过大暴雨，修排水沟是劳民伤财。杨双牛说："咱们治山造田，是造福子孙后代的大事，几十年没下大暴雨，几百年后会不会下？宁可有了不用，不可用时没有。咱们不能只顾眼前利益，要想到未来，经得起历史考验。"在杨双牛的坚持下，他们根据水利专家的建议，修建了几十条排水渠，完善了排水系统，实现了旱能浇、涝能排。

但是，侯家庄治理荒山却是一家一户，各自为战。他们修建的隔坡沟状梯田跟岗底村一模一样，就是没有排水系统，一是谁也不愿意多投资，二是存有一种侥幸心理。虽然岗底人也曾向他们提出建议，但他们当成了耳旁风。俗话说，天有不测风云。1996年8月4日，岗底村和侯家庄村迎来了50年一遇的暴雨。暴雨过后，岗底村6000亩隔坡沟状梯田安然无恙，侯家庄的梯田被洪水冲得一塌糊涂。当时，有一块千斤巨石从山顶滚落下来，砸穿了一户村民的院墙，山上的雨水顺流而下，淹没了这户村民的小院。由于抢救及时，才没有发生伤亡事故。

为了不让侯家庄的悲剧重演，富岗苹果128道标准化生产工序推出时，专门把修建排水系统作为第2道工序，即：坡面横向每隔80—100米修筑一条纵向排水沟，保证果园旱能浇、涝能排。

第 3 道工序：定植苗木前均匀施肥

全面整地前要将有机肥撒在地面，用沟机深翻使有机肥与土壤混合均匀，防止树苗被有机肥烧根，造成枯死。

捡了芝麻　丢了西瓜

俗话说："风吹草帽扣鹌鹑，运气来了不由人。"这话一点儿都不假。2011年春节刚过，天上掉"馅饼"，就砸到了内丘县岗底村果农刘春林头上。

这年春天，刘春林计划栽种 800 棵苹果树。偏偏凑巧，内丘县科技局计划搞一个果树省力化栽培项目，正在到处寻找试验基地，双方一拍即合。科技局不仅无偿提供树苗和 80 吨有机肥，以后还有资金支持。这对刘春林来说，真是一个天大的好事。

正月十五元宵节刚过，刘春林就开始整地。按照富岗苹果 128 道标准化生产工序要求，整地时应先将有机肥均匀撒在地里，用沟机深翻 80—100 厘米，将土和有机肥混合均匀，然后沉实定植带，再挖定植坑，浇灌定植水，最后栽种苹果树苗。刘春林的苹果园是隔坡沟状梯田，只有 2 米多宽，如果先把有机肥撒在地里，深翻时必然要抛撒（方言，浪费的意思）一些有机肥，刘春林不舍得。于是，他自作主张，把生产工序倒了过来，先用沟机深翻土地，再撒上有机肥，然后用镬头人工将有机肥与土掺匀。

这样虽然不抛撒有机肥，但有机肥在土层里最深只有 30 厘米。刘春林把 800 棵苹果树苗栽上后，盖上保墒地膜，套上防虫塑料袋，光等着萌芽后抹芽了。

半月之后，刘春林来到苹果园，查看苹果树苗的成活情况。他发现有不少树苗顶端干枯了，就找来果树剪把干枯的一段剪掉。过了几天，他又来果园查看，剪过的树苗接着往下干枯。难道是树苗缺水了？刘春林立马拉水上山，为 800 棵树苗补浇了一次水。又过了几天，刘春林再次来到果园时，800 棵苹果树苗仅成活了 100 多棵。

刘春林把富岗公司生产技术服务部的技术员找来，让他帮忙看看到底是咋回事儿。技术员扒开树盘一看，凡是干枯的果树苗，树根全部腐烂。没有根就不能吸收水分和养分，所以树苗就会干枯而死。技术员问他是咋整的地，咋种的树，刘春林一五一十地做了详细介绍。技术员一听，就知道问题出在了施肥上。由于刘春林施肥施得浅，苹果树苗的根部正好栽在有机肥里，结果把根烧了。技术员说："你也是咱村的老果农了，难道忘了'根生土中间，喘气最为先，宁叫根赶肥，不让肥伤根'的道理？"刘春林自知理亏，羞愧地低下了头。

果树省力化栽培是省里的一个项目，由内丘县科技局实施，当省里准备前来检查时，刘春林的树苗才刚刚萌芽，科技局只好把这个项目挪到了另一家。刘春林为了节省一点儿有机肥，违反生产工序，捡了芝麻，丢了西瓜。

第 4 道工序：挖定植坑

挖 1 米 ×1 米 ×0.8 米的定植坑，挖坑时将表土放一边，新土放一边，底部留 20 厘米深，将土挖松即可。

铁火镩与苹果树

铁火镩，苹果树。一个用来捅火，一个能够结果。两个是风马牛不相及，怎么能联系到一起呢？说来你肯定不相信，但确有其事。

2006 年春天，侯家庄乡政府号召全乡各村学岗底，大力发展苹果种植，并统一购来树苗，分发到每家每户，按照富岗苹果的栽种技术，并规定村民必须在 3 月底以前完成种植任务。

按照富岗苹果栽种技术要求，首先要挖 80 厘米见方的定植坑，施入足量有机肥，与土回填，浇灌定植水。一周以后，在定植坑上挖 30 厘米见方的穴，将苗木栽入，并使根系与土壤接触，栽植深度为苗木颈部与地面相平。然后向坑内灌 10—15 公斤的清水，待水渗下 1/2 时，向坑内填入另一半表土，轻轻地踏一踏，再撒上一层薄土。

界子口村的侯老汉虽然只分到了 30 棵苹果树苗，但这 30 棵树苗让侯老汉作了大难。侯老汉家只有半亩口粮地，全部种上了小麦。要按岗底村的办法种苹果树，必须毁掉麦田，侯老汉不舍。如果不种，又怕村委会处罚。3月中旬，小麦已经返青，再过3个月就能收到囤里了，可种苹果几年以后才能见效益。侯老汉思来想去，想不出一个两全其美的办法来。

眼看就到村委会规定的栽种苹果树期限了，侯老汉百爪挠心。他突然想起过去种柳树时，用铁火镩在地上戳个洞，把柳杆插进去，照样能成活。如果用这个法子种苹果树，既不毁掉麦田，又能向村委会交差，至于能活不能活，侯老汉心里没有去想。于是，他找来了一个铁火镩，往麦田垄背上一插，前后左右晃几圈，把苹果树苗插进去，用脚踩实。这样种苹果树省工省时又省力，不到一个小时就种完了30棵苹果树。

苹果树根系长度要25厘米，栽种时必须保证根系舒展，才能成活。侯老汉用铁火镩种的苹果树，根系窝在一起，一棵也没成活。

6年之后，界子口村其他村民那年栽种的苹果树，已进入盛果期，每亩收入大几千元，侯老汉眼红了，想起当年用铁火镩种苹果树的荒唐之举，后悔不已，又花钱买来30棵苹果树种上。这次他没用铁火镩，完完全全是按富岗苹果128道标准化生产工序栽种的。

第 5 道工序：沉实定植带

用大水浇灌定植带，使土壤沉实，不留空隙。

心急吃了"凉豆腐"

俗话说，樱桃好吃树难栽。其实，要想栽好苹果树，也不是一件容易的事儿。

富岗苹果 128 道标准化生产工序中，仅栽种苹果树，就有 8 道工序。一环扣一环，环环紧相连，顺序不能颠倒，工序不能减少。

话说 1991 年春天，岗底村果农姚海军承包了村里 2 亩耕地，计划栽种苹果树。他按照 128 道标准化生产工序，先是整地，然后选苗，对苗木进行整理，接着又挖好定植坑，没有利用大水沉实定植带。下一步该灌定植水了，姚海军犹豫了。因为栽种苹果树要在 3 月底以前完成，晚了成活率就会大大降低。当时已经到了 3 月 28 日，如果浇水沉实定植带，1 个星期后才能挖坑栽种，姚海军着急了。于是，他先把苹果树苗栽上，然后再灌定植水。结果一灌定植水，定植带塌陷下去 20 多厘米，成了一条沟。他怕树苗受影响，就用土把沟填平，结果把 1/3 的树干都埋住了。

到了第 2 年，姚海军发现自己栽种的 2 亩苹果树一直不精神，和别人同年栽的树相比，树干细，树冠小。到了第 3 年，人家的树开始拉枝、刻芽了，他的树却没有多大变化。于是，姚海军把技术员找来，看看自家的苹果树到底出了啥毛病。技术员在果园查来查去，找不出是啥毛病，就怀疑是不是得了烂根病，于是找来铁锹朝地下挖了 30 多厘米，可还看不到树根，就问姚海军："你的树是咋种的，怎么这么深？"姚海军就把种树的过程一五一十地说了一遍。

技术员说："你的树没毛病，就是种得太深了，树根不能呼吸，影响生长。"技术员接着又说："咱们富岗苹果 128 道标准化生产工序写得清清楚楚，先沉实定植带，再灌定植水，等定植带沉踏实了，再挖 30 厘米见方的穴，将苹果树苗栽入，并使根系与土壤充分接触。栽植深度为苗木根颈部与地面相平，然后向坑内灌 10—15 公斤的清水，待水渗下 1/2 时，立即向坑内填入另一半表土，待将树根颈埋住时，轻轻踏一踏，用手将树苗轻轻往上提一下。因为你把种植的程序颠倒了，才造成这种后果。"

"那该怎么办？"姚海军着急地问。

"只有一个办法，清理树盘，把多余的土清掉，让树苗根颈部分与地面相平。"

在技术人员的指导下，姚海军忙乎了好几天，才把 120 棵苹果树清理了一遍。打那儿以后，苹果树开始茁壮成长。

姚海军本来想抢时间栽种苹果树，结果心急吃了"凉豆腐"，2 亩苹果树整整比别人晚了 2 年才结果。

第 6 道工序：选苗

选用经过苗木检疫、品种纯正的健康苹果树苗，高度大于 150 厘米，直径大于 1.2 厘米，侧根数量 5 条以上，长度大于 30 厘米。

上当就一回

2010 年 6 月的一天，岗底村果农王柱根在自家果园查看补栽过的 40 棵苹果树。细心的王柱根发现，补栽的苹果树树干上长满了小疙瘩，有的树苗开始枯萎死亡。这是咋回事儿？心急火燎的王柱根急匆匆来到杨双奎家。

听完王柱根的叙说，杨双奎心里明白了八九分。他跟着王柱根来到苹果园里，经过仔细观察，确定就是轮纹病。杨双奎问："你从哪里买的树苗？""××县××村。"听到"××村"这 3 个字，杨双奎心里一惊，想起了 3 年前发生在××村的一桩事儿。

2007 年冬天，××县××村从山东购来一批红富士苹果树苗。因前去购买树苗的人没有经验，既没有请当地林业部门检疫鉴定，也没有到苗圃亲自查看，导致树苗种上的第 2 年后，就开始出现干皮死亡。村里请来一位技术员，技术员说是腐烂病，让他们刮皮治疗，结果越治死得越多。没办法，××村主管果林生产的村委会副主任把杨双奎请了去。杨双奎一看，说："这不是腐烂病，是轮纹病。"治疗苹果树轮纹病要刮破病斑，露出新皮为宜，然后涂药处理。轮纹病只能控制，不能根治。鉴于××村的情况，杨双奎建议他们把这批果树全部拔掉，选用经过苗木检疫、品种纯正的健康苹果树苗，重新栽种。否则，后患无穷。

那一年，××村的树苗没用完，把剩下的1万多棵栽到苗圃里，陆续贱卖给周围村的果农。王柱根"图贱买老牛"，结果上了大当。

杨双奎语重心长地对王柱根说："栽种苹果树，选苗很重要。前几年，咱们村不慎购来一批有烂根病的树苗，第2年大部分死了，这个教训难道你忘了？"

王柱根点了点头说："通过这件事，以后我再也不会上当了。"第2天，王柱根把补栽的40棵苹果树苗全部拔掉，重新栽上了经过苗木检疫、品种纯正的健康苹果树苗。

第 7 道工序：苗木处理

剪掉树苗损伤的根段，并用清水浸泡 10—12 个小时，也可以用稀泥蘸根，防止根系脱水，以保证成活率。

树苗根蘸泥　提高成活率

内丘县岗底村有个果农叫刘小林，已年过半百。

刘小林其貌不扬，但说起苹果管理来，却如数家珍，什么拉枝、刻芽、环剥、扭梢，怎样疏花、疏果、套袋、修剪等，他把富岗苹果 128 道标准化生产工序记得滚瓜烂熟。

刘小林在岗底村也算是个"有争议"的人物。有人说他管理苹果园有两下子，也有人说他一般般。不管怎么说，给苹果树苗根部蘸泥提高成活率这一技术，是刘小林的"专利"。

20 世纪 90 年代初，刘小林在村后岗上承包了 2 亩果园。这些果树是"吃大锅饭"时期栽种的，由于基础没打好，根系不发达，树势很弱，结的苹果个头儿很小。别说特级果了，"80"果都很少。别人的果园亩产 3000 公斤，他的果园亩产 1500 公斤左右。到了 1997 年，果园里的苹果树还死了 20 多棵。

这年春季，到了栽苹果树的季节，刘小林买来 20 多棵树苗，补栽到果园里。大约过了 1 个月的时间，刘小林发现补栽的苹果树死了一多半。

有的虽然长了新芽，到后来还是没成活。刘小林刨开土层一看，原来，补栽的苹果树苗都没有长新根，无法给树体提供水分和营养。就是冒了新芽的，也是仅靠树体内贮存的一点儿水分和营养。

为提高树苗的成活率，刘小林也费了一番心思。他想起在村林业队嫁接枣树时，没有塑料布，用麻批儿紧缠住，再用稀泥糊住，成活率超过了90%。如果把苹果树苗的根蘸一下稀泥再栽种，是不是也能提高成活率？他把自己的想法告诉了当时村里的林果技术员杨双奎。杨双奎沉思了片刻，肯定地说："我看能行！"

接着，杨双奎讲了自己亲身经历的一件事。那一年，杨双奎高中刚毕业，在村林业队帮助种柏树。在劳动休息的时候，大人们都躺在山坡上晒太阳，杨双奎年龄小，坐不住，就把水倒在树坑里，然后一锨一锨填土搅拌，树坑里的土就变成了稀泥。休息好开始劳动时，杨双奎就把柏树苗栽到稀泥里，然后填土踩实。队长发现后，把他批评了一顿。那一年，林业队山上栽的柏树大多数死了，而杨双奎栽的那几棵全部成活。

杨双奎分析说："由于春天风多，气候干燥，水分容易挥发，树根蘸稀泥后保护了水分和养分，促使新根生长，所以成活率高。"

刘小林听杨双奎说得在理儿，决定做个对比试验。

第 2 年春天，刘小林又买来一些苹果树苗。栽种前，他用 7.5 公斤筛过的细土，加 10 公斤清水，在容器里搅拌成稀泥，然后将树苗根蘸上稀泥，补栽到地里，结果全部成活。同不蘸泥的树苗相比，一般早生根 7—10 天，根系量多 2 倍以上。

2008 年，刘小林又栽种 3 亩苹果树，树苗根全部蘸泥，成活率达到了97%。5 年后，这 3 亩苹果树进入丰产期，套袋 2 万多个，收入超过 2 万元。

第 8 道工序：定植苗木

定植时挖 60 厘米见方的树坑，将苗木栽入，并使根系与土壤充分接触。栽植深度为苗木根颈部与地面相平。

栽植过深　活而不旺

九寨会村有两个苹果园，相距不到 100 米。一个果园的主人叫刘开如，另一个果园的主人叫刘一能（化名）。两个苹果园的果树虽然是同年栽种的，后期管理也差不多，但结果大不一样。刘开如的苹果园第 3 年见果，现在已进入丰产期；而刘一能的果园第 5 年才开始挂果，整整晚了 2 年。

这是咋回事儿？且听慢慢道来。

2012 年，九寨会村党支部、村委会为了让老百姓早日脱贫致富，学习岗底村经验，大力发展苹果种植。村民刘开如和岗底村的杨双奎是亲戚，知道种苹果能发财，积极响应。栽种苹果树那天，把杨双奎请来做现场指导，完全按照富岗苹果 128 道标准化生产工序操作。

那一天，刘一能也栽种苹果树，听说刘开如从岗底村请来了一位技术员做指导，就过来看看有啥高招儿。他见刘开如树坑挖得比较深，但栽得比较浅，土只埋到苹果树苗根颈的土印处。心想，栽得这么浅，大风一刮还不把树刮倒，岗底村的技术员也不过如此。回去后继续按照自己的方法栽种苹果树。

半年后，刘一能发现自己的苹果树没有刘开如的苹果树长得旺盛，树上的枝条不但少，而且短了一半多。刘一能就多浇水、多施肥，第 2 年还是没撵上刘开如的苹果树。到第 3 年，刘开如的苹果树开花结果了，刘一能的苹果树还是青枝绿叶。

刘一能坐不住了，问刘开如："咱俩一年栽种的苹果树，水没少浇，肥没少施，咋就没有你的苹果树长得旺盛？"刘开如说："我和你一样，都是第 1 次种苹果树，咋能知道是什么原因，等我把亲戚杨双奎叫来让他看看，人家可是岗底村有名的苹果专家。"

杨双奎是个热心肠，听亲戚一说就马上赶了过来。通过询问和实地查看，怀疑是树苗栽种得太深了，刨开一看，果不其然，就对刘一能说："你的苹果树长得不发，主要是栽种得太深。按照我们富岗苹果 128 道标准化生产工序要求，树苗栽植的深度以苗木根茎处土印为宜，不能超出原深度 2 厘米以上，过深栽植会造成'闷根'，活而不旺，成活率降低。"

刘一能忙问："有法儿挽救吗？"杨双奎说："没啥好法儿。"刘一能一听后悔死了。停了一下，刘一能说："你能不能把《富岗苹果 128 道标准化生产工序》给我一本，以后我要按照 128 道工序管理苹果树。"杨双奎说："没问题，过两天我给你捎来。"

第 9 道工序：灌定植水

向定植坑内灌水 10—15 公斤，待水渗下 1/2 时，立即填埋另一半表土到苗木根颈，然后轻轻踏实，再撒一层 20 厘米厚的土即可。

顺序颠倒树难活

2013 年初，富岗集团做出一项重大决定，建立苗圃基地，为周围县果农提供优质苹果树苗。他们向社会公开承诺，如果严格按照富岗苹果 128 道标准化生产工序定植树苗，成活率达到 98% 以上，达不到加倍赔偿。

界子口村有个绰号叫"老黑"的年轻人在苗圃基地买了 100 棵苹果树苗。临走时，技术员告诉他怎么整地、怎么挖定植坑、怎么灌定植水，要严格按顺序来，不能颠倒。技术员还不放心，又送给他一本《富岗苹果 128 道标准化生产工序》。

回到村里后，"老黑"按照技术员说的开始栽种苹果树，父亲也来帮忙。"老黑"的父亲是个老林业队员，20 世纪七八十年代就在村里林业队上班，为"植树造林、绿化祖国"做出了贡献。父亲见儿子栽树时先挖坑、再灌水，然后把树苗放到坑内埋上土。马上向前制止说："你这样栽树能活吗？"儿子说："人家岗底村的技术员叫这样栽的！"父亲说："我栽了一辈子树还能不知道，栽树的顺序是一埋二踩三提苗四浇水，你这样先浇水再埋土岂不成了泥疙瘩，那树苗还能活吗？"儿子一听父亲说的有些道理，就说："那就按你的办法栽吧！"

苹果树栽上后，"老黑"隔三岔五到地里查看，1个月后苹果树开始发芽。又过了一星期，"老黑"发现有40多棵苹果树没有发芽，折断枝条一看，有的已经干枯，心里急了。不是说成活率能达到98%以上吗，怎么才活了一半多？他决定找富岗公司苗圃基地讨个说法。

听说"老黑"栽的树苗成活率只有50%多，技术员不相信，马上赶了过来。技术员刨开不发芽的苹果树一看，心里马上明白了，问："你是按照128道工序栽种的苹果树吗？"

"老黑"支支吾吾地说："基本上是。"

技术员说："你准是先埋的土，后浇的水。"

"老黑"不由得一惊，忙说："你是咋知道的？"

技术员说："由于你先埋土再浇水，水顺着树坑周围往下渗，树苗根系见水少或没有水，影响根系与土壤的结合，所以成活率低。"技术员接着又说："如果按照128道工序先灌定植水，再埋土，就不会出现这种情况了。"

"老黑"把腿一拍，说："都怨俺父亲瞎指挥，非说你们的栽法不行，要按他说的什么一埋二踩三提苗四浇水方法栽树，这可怎么办？"

技术员说："现在的唯一的办法就是补水抢救，如果晚了，就是发芽的苹果树也会因缺水干枯。"

"老黑"二话没说，立即带着全家人对苹果树进行补水。由于补水及时，救活了40棵，仍有3棵苹果树干枯而死。

在后期管理中，"老黑"再也不敢胡来了，严格按照富岗苹果128道标准化生产工序操作。到第3年，他的一亩半苹果树就开花结果了。

第 10 道工序：合理密植

苹果树种植密度大小根据枝型、长势不同而有所差别。富岗苹果采用 3 米×4 米或 2 米×4 米的株行距。

杨福禄刨树

早春二月，岗底村托么沟里残雪还没有完全消融，呼呼的山风有点儿刺骨。这天一大早，杨福禄老汉带着儿子来到自家果园。爷儿俩站在地头犹豫了一会儿，然后挥起镐头，开始刨园子里的苹果树。

在岗底村，老百姓把苹果树视为摇钱树。杨福禄为啥要刨掉自家的摇钱树呢？

事情是这样的。1995 年，岗底村组织果农到外地参观学习苹果密植栽培技术，回来后也比猫画虎地试种了 10 亩，平均每亩种苹果树 120 棵左右。第 2 年，村里把这 10 亩密植苹果树分包给了 3 户村民。其中，杨福禄承包了 3.7 亩，共 440 棵树。转眼到了 2002 年，苹果开始进入盛果期。杨福禄发现，苹果树虽然长势茂盛，但苹果个头儿小，着色差，含糖量低，口感也不好。由于果树行距、株距小，又是疏散分层形树冠，侧枝相互交叉，像一道篱笆墙，很难进行操作管理。杨福禄请教果树专家，专家说："当初你没按密植技术去管理，造成树冠密集，现在只有间伐，将行株距由 3 米 × 2 米改为 3 米 × 4 米。"

看着已进入盛果期的苹果树，杨福禄实在不忍心刨掉。他心里算了一笔账：按照果树专家的要求，要刨 150 棵苹果树。树就是钱啊！这个事儿，搁谁头上也心疼。头一年，杨福禄拣着那些长势弱、树冠小的苹果树刨了70 棵。到了收获的季节，杨福禄发现，凡是间伐后株距大的苹果树，产的苹果个头儿大、含糖量高、色泽好，卖出的价钱也高。虽然苹果树棵数减少了，收入却增加了。摘完苹果之后，杨福禄就把剩下的 80 棵树按要求刨掉了。

杨福禄刨树的故事，也给岗底村和周围村的果农上了一堂果树栽培管理技术课，使他们明白了：苹果树的栽植密度是获得高产、优产的基础。但由于栽培品种、砧木的长势、土壤肥力和修剪方式不同，所采用的行株距也不同。如果密植不合理，就会影响通风透光，带来操作不便，造成果品个头儿小、质量差等问题。

今天，合理密植的好处已深深烙在岗底人的心里，谁的果树密植不合理，都会被称之为"外行"。

第 11 道工序：合理配置授粉树

新建果园授粉品种与主栽品种比例要达到 1：6 棵为宜。授粉树以金冠为主要品种。

栽什么树苗结什么果

"栽什么树苗结什么果，撒什么种子开什么花。"这是 20 世纪六七十年代风靡全国的现代京剧《红灯记》中，主人公李玉和"穷人的孩子早当家"唱段中经典的两句唱词。如今用来形容选择苹果授粉树品种，真是恰如其分。

20 世纪 80 年代中期，全国大力推广红富士苹果种植，内丘县的岗底村也在后山上栽种了大几百亩。因为红富士苹果树是异花授粉植物，必须配置适当的授粉树才能结果。当时，他们也不知道配置什么品种的授粉树最好，有种红星的，有种王林的，也有种嘎啦的，还有种金冠的，五花八门，种什么的都有。

苹果树进入盛果期后，有的果农发现自己的果树春季满树花，夏季半树果，秋季苹果产量低、质量差，效益不佳。有的果农发现自家果园里的苹果树，同样浇水、同样施肥、同样修剪，可长出来的苹果个头儿大小不一样，果实硬度不一样，口感和果形差别很大。"这是咋回事儿？"果农问村里的技术员。技术员摇摇头，说："不知道。"

直到河北农大的教授来了后，经实地考察才揭开了谜底。教授说，红富士苹果树虽然是异花授粉植物，并不是将任何两个以上的品种栽到一起就能进行授粉，必须选择花期一致、花粉多、亲和力强、经济性状较好的品种做授粉树，才能达到满意效果。凡是花多果少的是授粉不同步，果品质量差的是授粉树不对路。再说了，授粉品种树与主栽品种比例要适当，一般比例为1∶6。授粉树的配置有两种方式：一种是行栽植，每隔4—5行配置1行授粉树；另一种是梅花形或中心式，每1株授粉品种周围有8棵主栽培品种。

为了找到优秀的授粉树，1998年，岗底村的技术员进行了对比试验。对比试验的结果是：栽植红星授粉树，红富士苹果落果严重，且成熟后果实硬度低，口感不清脆；王林授粉树，因开花过早，和红富士花期不太吻合，授粉率低，坐果少；嘎啦授粉树，由于本身果实个头儿小，给红富士授粉后果实个头儿也小，经济价值低；栽植腾牧1号授粉树，红富士苹果着色不鲜，特别是梗洼突起，果形不周正；金冠授粉树，与红富士花期相同、花粉量大，红富士授粉后果形周正、口感好、产量高。

次年，岗底村对那些效果差的授粉树通过高枝嫁接技术，全部换成金冠品种。对那些达不到配置比例的果园，进行增补授粉树或嫁接改良。后来，岗底村先后栽种的2000余亩红富士苹果树，都是按照富岗苹果128道标准化生产工序的要求，全部配置成了金冠授粉树。

占小便宜吃大亏

岗底村往西二里地有个村叫侯家庄。侯家庄的村民见岗底村种苹果发了大财，也学着种起来。

侯家庄有个村民叫陈小儿，种了1亩红富士苹果。到挂果期，连续两年都是大丰收。到了第3个年头，苹果树开花不少，挂果却不多。陈小儿纳闷：附近的苹果园里果子都挂满了枝头，咱也没少施肥、浇水，为啥就是长不出苹果来？

陈小儿的果园紧邻公路。一天，陈小儿正在地头忙碌，忽然看到杨双奎打这儿路过。他早就知道杨双奎是岗底村有名的种苹果专家，看到杨双奎就像遇到了救星，立即上前打招呼："老杨，你快给俺看看，俺的苹果树花开得不少，咋都不挂果？"杨双奎是个热心肠，放下自行车就进了陈小儿的果园。他东瞅瞅，西看看，问陈小儿："你的果园里咋没种授粉树？""什么是授粉树？"陈小儿不解地问。杨双奎告诉他，苹果品种多是异花授粉，与授粉树的比例为6：1，也就是种6棵富士，要加上1棵授粉树。没有这些授粉树，苹果树开花再多，授不上粉，也挂不上果。杨双奎接着对他说："你种的是红富士，最好再嫁接5—6棵金冠，保证你年年挂满果。"他还教给陈小儿如何嫁接，怎么催芽等。

杨双奎走后，陈小儿心里犯了嘀咕：前几年，没有授粉树不是照样结果吗？再说了，把红富士嫁接成金冠，红富士六七块钱1公斤，金冠两三块钱1公斤，一棵树就少收入200多元，5棵就1000多，还是等一年再说吧。

第2年，陈小儿的苹果树又是光开花，不结果。陈小儿坐不住了，想去岗底村找杨双奎问个明白，但又不好意思去。他把前因后果告诉了媳妇，让媳妇去杨双奎果园里打工，顺便向杨双奎请教。

陈小儿的媳妇来到杨双奎的果园，见苹果树枝繁叶茂，硕果累累，好不眼气。她问杨双奎："你家的苹果树挂了这么多果，俺的苹果树今年光开花不结果，到底咋回事？"杨双奎一听就知道是花没授上粉，问道："你家果园里有授粉树吗？""没有，那头几年为啥能结果呢？"杨双奎又问："邻家的苹果树结果了吗？"陈小儿媳妇说："人家的都有果，就是俺的果树没挂果。"

谈话中，杨双奎知道了她是陈小儿的媳妇，心里明白是咋回事儿了，说："前年，我去过你家果园，告诉陈小儿嫁接5—6棵授粉树。他不听，现在吃亏了吧？"陈小儿的媳妇羞愧地低下了头，自言自语地说："都怪他不听专家的，才让上万元钱打了水漂。"

打那儿以后，陈小儿吸取了教训，在苹果园里嫁接了授粉树，之后年年大丰收。现在一听说谁家的果树不挂果，他总爱问："苹果园里有授粉树吗？"

第 12 道工序：盖地膜

在新栽的幼树树盘下覆盖 1 平方米的塑料地膜，以利于防旱保墒、提高地温、促进成活。

耳听为虚　眼见为实

"幼树定植后，在树盘下覆盖 1 平方米的塑料地膜，有利于防旱保墒、提高地温、促进成活。"这是富岗苹果 128 道标准化生产工序中的第 12 道工序。

对于这道生产工序，岗底村的果农起初并不认可，后来经过岗底村村委会对比试验之后，果农才真正心服口服。

1998 年冬天的一个夜晚，岗底村村委会的大会议室里灯火通明，果农培训班正在上课。当讲到幼树栽培管理时，老师说道："幼树定植后，要覆盖地膜，地膜四周压土，防止地膜漏气和风吹。覆盖地膜，对于早春的地温提高有显著作用，对幼树树梢、叶片加快生长和提早结果具有重大意义。"

种苹果树也要覆盖地膜，岗底村的果农听了感到很稀奇。课间讨论时，有的果农说："听说平原地区种棉花时用地膜覆盖挺管事儿，种苹果树也要盖地膜俺是头回听说。"有的果农说："既然老师讲了，应该管用。"话音刚落，马上就有人反驳说："老师讲的也未必全对，我是不见真佛不烧香！"

　　为了打消果农们的疑虑，岗底村村委会决定搞一个对比试验，让大家眼见为实。

　　1999 年初春，村委会在集体的果树试验田里，各栽种了 20 棵苹果树，以不覆盖塑料地膜为对照，定期检测土壤温度变化、物候期影响、成活率和当年的新梢生长量、干周加粗生长量和百叶质量等。

　　听说村里搞幼树地膜覆盖试验，果农纷纷来到试验田观看。

　　第 1 次测试地温，就让围观的果农大吃一惊。测试结果：5 厘米深处的土壤温度比不盖地膜的高 2.9—4.5 摄氏度；20 厘米深处的土壤温度提高了 1.4—3 摄氏度。技术员解释说："这是由于地膜紧贴地面，夜间地辐射受阻，白天阳光可透过地膜，表土吸热后提高了温度。果农们心里明白，早春土壤增温对新栽幼树根系提早活动有利。

　　又过了 1 个月，对比试验结果：覆盖地膜的幼树芽膨大期提前 2 天，新梢生长提前了 7 天，而且成活率提高了 12.5%。这时，对地膜覆盖的好处，多数果农开始信服了。

　　到了 9 月，覆盖地膜的幼树新梢长度为 155 厘米，比没有覆盖地膜的长 30 厘米；树干周围多 2.1 厘米；百叶质量为 221 克，没有覆盖地膜的为 149.2 克，百叶质量增加了 71.8 克。事实证明，幼树覆盖地膜不仅促进了根系、枝条与树干的生长，而且也促进了叶片的早期形成，有利于果树早期生长。在事实面前，对幼树覆盖地膜存有异议的果农，彻底信服了。

　　从那儿以后，岗底村的果农栽种苹果树时，覆盖地膜成了一道必不可少的生产工序。

第 13 道工序：幼树定干

新栽幼树在发芽前进行定干，方法是剪去幼树顶端部分，留干高度 90—120 厘米。

幼树不定干　顶尖朝上蹿

2012 年初春，内丘县落实退耕还林政策，决定在全县栽种苹果树 10 万亩。树苗由林业局提供，技术指导由富岗公司负责。

给群众发放苹果树苗时，富岗公司生产技术服务部的技术员按照生产工序，把如何整地、栽种、定干、刻芽、套袋等，一项一项讲得非常清楚，没有学会的不发放树苗。

这一年，岗底村也栽种了 20 000 棵苹果树。他们严格按照 128 道生产工序规定操作，一点儿都不敢走样。当年苹果树定干后，平均每棵树就长出 5—6 根枝条，第 2 年通过拉枝、刻芽，第 3 年就能开花结果。到第 4 年，每亩产量就可达到 750 公斤左右。

2013 年春天，獐么乡白芷村有几户果农到岗底村参观。他们看到同年栽种的苹果树，岗底村的苹果树枝条多，长度达 50 厘米以上。而他们的苹果树，枝尖向上蹿了 1 米多，但枝条长得既少又短，就问岗底村果农是咋回事。岗底村的果农一听，就猜到他们没有给幼树定干，于是问道："你们给幼树定干了吗？"

"定干，什么是定干？"白芷村来的几户果农问。

"定干是新栽苹果树管理中的一项重要内容，定干好坏直接关系到果树的结构和果树的产量。具体讲，就是树苗栽上后，从地面往上 90—120 厘米处将树干截断，留 40 厘米左右的饱芽整形带，顶芽要留饱满芽。"

"为什么要定干？"白芷村的果农又问。

"苹果树头由于顶端优势的作用生长势强，如果不及时定干，就会一直朝上蹿。这样就出现了顶尖发芽，下部光秃，形不成骨架，日后不便管理，影响产量。"

"说得好！"不知什么时候，富岗公司生产技术服务部的技术员也来到果园。技术员说："如果今年再不定干，树头还会朝上蹿。由于顶芽形成的生长素向下输送，使侧芽附近生长素浓度加大，侧芽由于对生长素敏感而被抑制。同时，生长素含量高的顶端，夺取侧芽的营养，造成侧芽营养不足，难生长，更别说开花结果了。到那时，你们的苹果树就真正成了绿化树了。"

白芷村来的几户果农本想靠苹果发家致富，一听这话，心里发了毛，忙问："那该怎么办？"

技术员告诉他们说："回去后马上定干。定干后，芽子萌发得就多了，枝子长得就长了。明年就可以拉枝、刻花。管理好后，后年就可以开花结果。"

临走时，白芷村的几位果农说："这次总算没白来，让俺们长了见识，学到了技术。要不，俺们几户只好守着果园去哭了。"

第 14 道工序：刻芽促枝

幼树定干后，从顶端向下 25 厘米内进行刻芽。其方法是用刀子在芽的前方 1—2 毫米处刻一下，深达木质部，提高成枝力。

春季偷懒　秋后现眼

2010 年春天，岗底村的张三、李四、王五分别承包了邻村白塔的耕地种苹果树，承包期为 30 年。当年，他们三人都栽种了红富士苹果树，三个果园紧紧相连。

到了 2012 年春季，按照富岗苹果生产工序，应该在发芽前对一年生的枝条全部刻芽。具体操作方法是：在芽前方 1—2 毫米处用小钢锯拉一下，深达木质部，主要刻两侧及背下的芽，目的是促进枝条萌发，提高萌芽力，促使成花结果。这道工序，岗底村的果农都知道。

苹果树刻芽，是个费工费时的活儿。比如说，一条枝上有 10 个芽，每个芽都要刻一次。张三、李四严格按照操作规程，忙活了好几天，才把一年生的枝条全部刻了芽。王五也知道刻芽的重要性，因为他家种的苹果树多，便采用环割办法。这种办法虽然效果不如刻芽好，但也有一定作用，而且环割省工省时，每个枝条上割一两刀就行了。环割有个缺点，等枝条长叶后，遇到大风天，环割部分容易折断。一般在幼树上不使用环割的办法。

王五算了一笔账：他这一亩苹果树，要是刻芽，4 天也刻不完。如果环割，一天半就能完成任务。

随着天气变暖，气温升高，岗底村山上山下的苹果树长得郁郁葱葱。这天上午，王五到地里转了一圈儿，心里却凉了半截儿。同年栽种的苹果树，张三和李四的苹果树枝繁叶茂。而他数了一数自己的同样大小的树，成枝率低 40%。到了秋后，张三、李四的苹果树成花率比他的苹果树高出 50%。王五叹了一口气，自言自语地说："春季偷懒，秋后现眼。教训啊！"

栽个跟头学聪明。到了 2013 年春天，王五再也不敢偷懒了，把苹果树按技术要求全部刻芽。芽多了，花多了，自然结果也多了。王五深有感触地说："富岗苹果 128 道标准化生产工序真是一道都不能少啊！"

第15道工序：套塑料袋防虫

刻芽后，将幼树套上 80—90 厘米长的塑料袋，以保护整形带内萌发的幼芽不被虫咬，同时还可以防止水分过分蒸发，提高幼树成活率。

少花 3 毛钱　结果晚 1 年

岗底村和侯家庄村一路之隔，山连着山，坡挨着坡。侯家庄村原来是乡政府所在地，后来岗底村成了全县的先进村，乡政府也搬到了岗底村，侯家庄村失去了往日的繁华。侯家庄的村民心里，多多少少有点儿不舒服。

过去，侯家庄村很少种苹果树，见岗底村种苹果树发了财，也不甘心落后，2012 年开始大面积种植苹果树。按照富岗苹果 128 道标准化生产工序，苹果树种到地里后，将定干后的树苗套上 80—90 厘米长的塑料袋，既可以保护幼芽不被虫子吃掉，又能防止树苗水分过分蒸发，提高成活率，还能升高温度，促使幼树发芽。岗底村曾做过试验，凡是套上塑料袋的苹果幼树，成活率在 95% 以上。侯家庄村的果农不知道这道工序，也不好意思向岗底村的果农请教，当年种的苹果树都没有套塑料袋。

到了 2013 年初夏，侯家庄的果农发现，前一年栽种的苹果树有一部分死了，活下来的也没有岗底村同年栽种的苹果树长势好。侯家庄村有个媳妇娘家是岗底村的，趁回娘家串亲戚的机会，找到富岗公司技术服务部技术员，说侯家庄村前一年栽种的苹果树有的死了，有的不发芽，就是发芽的枝条长得也很短。

技术员问："去年苹果树定干后套塑料袋了吗？"

"套袋？"她摇了摇头，说："光知道给苹果套袋，没听说过苹果树也要套袋，俺们村里去年种的苹果树都没有套袋。"

技术员告诉她："山上杂树多，虫子也多，特别是金龟子，专门吃苹果树嫩芽。你们村的苹果树不是没发芽，是让金龟子把芽吃掉了。如果当初套上塑料袋，就不会发生这种情况了。"接着，技术员给她算了一笔账，买 1 个塑料袋只花 3 毛钱，不套袋，第 1 年长出的嫩芽被金龟子吃了，后来再萌发的新枝也只能长到 6—7 厘米长。等到第 2 年春天，再把枝条剪掉，新枝条才能萌发，长到 1 米以上。到第 3 年才能拉枝、刻芽，第 4 年才能开花结果。如果套上了塑料袋，当年枝条就能长到 1 米以上，第 2 年拉枝、刻芽，第 3 年就能开花结果。一个不起眼的塑料袋，让你们的苹果树晚结果 1 年。

回到婆家侯家庄村，她把这事一说，乡亲们都大吃一惊，种苹果树还有这么多道道儿，怪不得岗底的苹果长得好，卖得贵。于是，乡亲们选她当代表，以后在苹果管理上，有什么不懂的地方，就让她回娘家请教，回来后给大家当指导。

第 16 道工序：补水

春季干旱时，幼树栽后 15 天灌水 1 次，水渗下后再覆土 3—5 厘米，以利保墒。每棵树补水 10—20 公斤。

杨海珠"走麦城"

《三国演义》中关云长过五关斩六将名垂青史，走麦城却留下千古遗恨。这都是古人古事，无从考证。这里说的杨海珠"走麦城"的故事，却是真人真事。

杨海珠曾任岗底村党支部副书记、村委会主任、内丘县太行开发实业公司副总经理、河北富岗公司副总经理。

岗底村改革开放 30 周年成就展中这样评价杨海珠："担任村干部 20 多年来，与党支部书记杨双牛紧密配合，完成了治理荒山、抗洪救灾、筑坝修田、发展果树、带领农民闯市场、新农村建设等一项又一项关系岗底村发展的大工程，被村民誉为默默无闻的'老黄牛'。"

杨海珠过五关斩六将的事迹在这里不一一细说，专门说说他"走麦城"的故事。

那是 1998 年 6 月，连续 3 个月没下一滴雨，火辣辣的太阳把苹果树的叶子都晒蔫了。这一年春天，杨海珠在村后沟栽种了 100 棵苹果树。小树根浅，更不耐旱，需要马上补水，否则就会干枯而死。杨海珠因忙于村里工作，整晌没时间给苹果树浇水，他就利用中午休息时间，从山下挑水浇灌苹果树。杨海珠牺牲了 2 个午休，才把 100 棵小树浇了一遍。

杨海珠果园旁还有一个果园，也是当年栽种的苹果树。杨海珠对主家说："快去给小树补水吧，再不补水过不了几天都旱死了。"主家比较懒，等到太阳快下山时，天凉快了才去担水上山浇树。浇完树，又用杂草把树坑盖住，防止水分蒸发。

大约过了 1 个星期，杨海珠上山查看补水后小树的长势。一进果园，杨海珠傻眼了，100 棵苹果树大部分都枯死了。再看邻家果园，小树长得水灵灵的。这是咋回事儿？杨海珠急忙下山，找来了村里的果树技术员。技术员东瞅瞅，西看看，也弄不清是什么原因造成的。后来，他们两人把树根前的土轻轻扒开一看，发现树干在地表层下 2 厘米发黑干枯，好像用火烤过一样，这时，他们才恍然大悟。原来，杨海珠浇树时正是太阳最毒的时候，由于太阳暴晒，地表温度升高，凉水变热水，树皮被烫伤，地下水分和营养不能向上输送，所以小树干枯而死。邻家的果园是太阳快下山时浇的水，气温已下降，再加上盖了杂草，所以没有被烫伤。

杨海珠栽个跟头学聪明，第 2 年补栽树苗后，再也不敢烈日下给小树苗补水了。他还经常把自己"走麦城"的故事讲给乡亲们听，避免乡亲们重蹈覆辙。

2004 年，富岗公司推出富岗苹果 128 道标准化生产工序时，又专门把苹果幼树的补水方法写了进去。

幼树期管理

第17道工序：萌芽后抹芽

　　新栽幼树萌芽后，抹去树干50厘米以下的芽子，以便集中营养，使留下的芽子更好地生长发育。

幼树不抹芽　　主枝贴地爬

　　送走河北农大教授李保国，杨三能（化名）望着自家的苹果园，左也不是右也不是。杨三能到底遇上了啥难事？说来话长。

　　杨三能是岗底村的一位果农，20世纪七八十年代就在村里的林业队上班，曾被评为全县植树造林的模范。当时，集体有一个苹果园，他就跟着林业局的技术员学习苹果树管理，成了村里的能人。

　　1996年岗底村发大水，山洪冲毁了河滩地。全村干部、群众经过一年多苦干，把冲毁的河滩地改造成了100亩良田。经村党支部、村委会研究决定，把100亩良田分给各家各户，全部栽种苹果树，后来取名"百亩果园"。

　　苹果树栽上后，李保国教授也来到了岗底村科技扶贫。他看到新栽的苹果树芽子已长到5厘米了也不抹芽，就在果农会上说："咱们百亩果园新栽的苹果树该抹芽了。"有人问："啥叫抹芽，俺没听说过。"李保国说："抹芽就是把地面以上50厘米内萌发的芽子抹掉，以利于培养树形，提高果树产量。"

那天，杨三能也去参加果农会，听李保国教授说苹果树要抹芽，心里不服劲儿，心想，过去管理苹果树时从来不抹芽，不是也照样结苹果吗！再说了，没芽咋有枝，没枝咋结果？别人去果园给苹果树抹芽，杨三能却站在一旁说风凉话。

一转眼6年过去了，百亩果园的苹果树开始进入丰产期。杨三能的苹果树基部主枝离地面只有20厘米，密密麻麻拉住了手，有的比树干还要粗，不仅不方便管理，就是摘苹果也得蹲在地上摘。再看看别人的苹果园，基部主枝离地面1米左右，不仅好干活，而且苹果个头儿大，产量高。杨三能傻眼了，后悔当初没听李保国教授的话。

万般无奈之下，杨三能只好向李保国教授求救。李保国查看了果园的情况后，说："只有一个办法，'提干'。"

"啥叫'提干'？"杨三能不解地问。

李保国教授解释说："'提干'就是疏除苹果树主干离地面1米左右以下基部粗大主枝，重新培养树形。"

一听说要疏除掉正在结果的主枝，杨三能舍不得，就问："如果不'提干'，以后会有啥结果。"

李保国教授说："再过几年，由于地下的营养直接供给贴地面的主枝，主枝比主干还粗，形成脚重头轻'卡脖状'，地面不透风、不见光，容易发生病虫害，出现轮纹病、早期落叶病等，到那时问题就严重了。"

因为培养新的树形，要耽误两三年，影响收益。但不"提干"不好管理不说，产量也上不去，弄不好就把果园给毁了，所以杨三能左右为难。

李保国教授猜透了杨三能的心思，建议说："你可以采取分年疏枝的办法，一年疏一层，3 年疏完，尽量减少果园损失。"

杨三能思来想去，只好接受这个建议。用了 3 年时间把苹果园里的 200 多棵苹果树全部提了干。后来，杨三能按照富岗苹果 128 道标准化生产工序加强果园管理，树势一年比一年好，实现了丰产丰收。

第18道工序：用发枝素促枝

为了解决幼树枝量不足的问题，春季用发枝素对苹果枝上的侧芽、隐芽进行涂抹，以促进定位发枝，增加枝量，实现早成花、早结果的目的。涂抹时间从 3 月底到 7 月初均可，每克发枝素可涂芽 150—200 个。

梦想成真

20 世纪 90 年代初，岗底村治山后栽种了 1000 多亩苹果树，到了 5 年头上不开花，不结果，有人就说风凉话："咱村种的苹果树是不是都是公树？"

河北农大李保国教授来岗底村后，通过环剥、拉枝、刻芽等先进管理技术，苹果树第 2 年就开了花，结了果。后来，李保国教授总结制订了富岗苹果 128 道标准化生产工序，实现了苹果树头年栽树、第 2 年拉枝、3 年结果，一下子把苹果树结果期提前了 2 年，而且苹果的产量和质量有了大幅度提高。从此，岗底人靠苹果树走上了富裕路。

后来，李保国教授提出了一个大胆的设想，通过先进的管理技术，让苹果树头年栽树、第 2 年结果。他说，如果苹果树能早一年结果，就能早一年进入盛果期，这将给果农带来巨大的经济效益。李保国把这个艰巨的任务交给了杨双奎，并让自己的一名研究生当助手。

杨双奎是岗底村生产技术服务部的经理，也是李保国教授培养的苹果专家。村里有人听说杨双奎搞苹果树头年栽树、第 2 年结果的试验，就嘲笑说："种果树不是种庄稼，头年栽树、第 2 年就能开花结果，真是大白天说梦话！"

说句实在话，试验能不能成功，杨双奎心里也没底儿。李保国教授鼓励他说："过去苹果树 5 年结果，10 年才能进入盛果期，咱们通过技术管理实现了 3 年结果，6 年进入盛果期。这说明只有想不到的，没有做不到的，只要我们依靠技术进步，就能把梦想变为现实。"李保国教授这么一说，杨双奎打消了顾虑，坚定了信心。

苹果树结果要有两个基本条件：一是枝组，二是成花。苹果幼树期间一般发枝少，要想早成形、早结果，必须使幼树尽快增加枝量，而且要在预想的部位有枝。但生产实践中往往是要枝的地方没有枝，造成偏树；要枝组的地方无枝形成枝组，造成光腿，特别是离剪口远的地方，很难发枝，这给幼树整形、早期丰产带来很大困难。

怎样解决幼树枝量不足的难题？李保国教授建议杨双奎用"发枝素"促苹果幼树发枝。

发枝素又称"抽枝宝"，是用于果树上的化学整形生物药剂，主要成分是细胞分裂素，能刺激果树的生长发育，促进细胞分裂，促使果树芽体发枝，提早结果。用于果树定位定芽发枝，对果树整形和解决光腿现象、促进开花结果有良好作用。

根据李保国教授的建议，杨双奎开始在自己的果园里做试验。7 月初，当年栽种的幼树枝条已长到 50—60 厘米时，杨双奎把发枝宝涂抹在芽上。涂抹该药后 2—3 天，芽体膨大，6 天后鳞片裂开，10 天后开始萌发新枝。当新枝长到 20—30 厘米时，再涂抹 1 次。等分枝长到 1—2 厘米时对主枝进行环割，以促成花。可惜，这次试验失败了。

第 2 年苹果树开花的时候，李保国教授因心脏病突发不幸去世。在灵堂前，杨双奎对着李保国的遗像立下誓言，一定要把头年种树、第 2 年结果的试验搞成功，以告慰李老师的在天之灵。

杨双奎认真分析了失败的原因，主要是发枝素涂抹时间有点儿晚，涂抹次数有点儿少。这次，他把涂抹时间提前了 20 天，由过去涂抹 2 次增加到 3 次，终于获得成功。

看着青翠欲滴的小苹果，杨双奎悲喜交集。喜的是完成了李老师的遗愿，悲的是李老师再也看不到这项成果了。杨双奎跑到李保国教授的墓前，庄重地说："李老师，头年种树、第 2 年结果的试验成功了，你的遗愿实现了，我要继承你的遗志，潜心研究苹果树栽培技术，造福更多的父老乡亲。"

后来，幼树涂抹发枝素这项技术在唐山、承德、张家口推广后，给果农带来了显著的经济效益。

第 19 道工序：使用保水剂

山区丘陵干旱果园使用保水剂可有效抑制水分蒸发，提高了土壤含水量，减少了土壤水分的渗透和流失，还可以刺激果树根系生长和发育，在干旱条件下保持较好长势。用量：每棵小树 100 克。方法：先用清水浸泡达到饱和状态，在树周围挖 3—4 个深 40 厘米、宽 30 厘米、长 50 厘米的坑埋入即可。

神奇的保水剂

7 月的骄阳似火，把大地烤得炙热。岗底村的安老汉来到村东全房峪自家的果园里，看到去年栽种的苹果树叶子又蔫了，心里火烧火燎的。

安老汉地里的苹果树今年已经浇了 3 水，最后一遍水浇了还没 10 天，就又旱了。看着旁边杨双奎家同年栽种的苹果树，今年只浇了 1 水，现在仍然郁郁葱葱，长势喜人，没有一点儿缺水的样子。安老汉纳闷了，杨双奎用了什么办法，能让苹果树不怕旱？他决定找杨双奎弄个明白。

杨双奎是富岗公司生产技术服务部的经理，管理苹果 20 多年了，是乡亲们公认的土专家。来到杨双奎家，安老汉开门见山地说："双奎，你的苹果树怎么不怕旱？"

"因为我使用了保水剂。"杨双奎回答得直截了当。

"保水剂，什么是保水剂？"安老汉不解地问。

杨双奎说："保水剂是国内外新发展起来的高新技术产品，是一种能保持土壤水分、改良土壤、防止肥料流失、提高作物产量的新型制剂。"接着，他向安老汉讲述了自己使用保水剂的故事。

2011年金秋时节，临城县召开种植与加工现场会，不少单位和企业带着自己的产品和技术资料前来参加。杨双奎代表富岗公司也应邀参加了会议。杨双奎刚进现场，一位衣着整齐的中年男子走到他面前问："你是富岗公司的杨双奎吧？"杨双奎一愣，忙说："你怎么知道我的名字？"对方说："河北农大李保国教授经常夸你，说你在苹果树种植管理方面很有一套。"杨双奎谦虚地说："哪里，哪里，我是李教授的徒弟。"

对方自我介绍说，他是北京一家专门生产保水剂的企业的营销部经理，他们厂刚研制出一种专门用于果树的保水剂，想让杨双奎在岗底村做个试验，然后进行推广。说着，对方拿出一摞产品介绍送给了杨双奎，说散会后再联系。

杨双奎接过产品说明书，认真地看了起来。保水剂是一种新型功能高分子材料，这类物质含有大量的强吸水基团，可吸收并保持多于自身重量几百倍的纯水。它可抗旱保水，提高水分利用率；调湿保肥，提高肥料利用率；改善土壤结构，增加土壤团聚体；使果树增产、提质、增效。杨双奎想到村东全房峪是砂石土质，易渗水跑肥，再加上浇水困难，正好需要使用保水剂。

散会后，杨双奎找到那位北京客人，同意在岗底村做试验。因带来的保水剂样品已发完，对方答应回去后立即用快递寄达。

杨双奎在全房峪有420棵新栽的苹果树，第2年春季浇水时，他计划用保水剂做试验。按照保水剂的使用方法，浇水前应在果树周围挖宽30—40厘米的长坑，深度以露出部分根系为宜，每棵树使用100克，回填后灌水。杨双奎由于事前没准备好，从山下把水抽上来后，再挖沟来不及了。只好用铁锹在树周围挖4个穴，撒上保水剂后用土掩埋。他一连挖了十几棵树，看着能浇一阵子了，就按要求给其他树挖成条状沟，撒上保水剂。

　　几天后，杨双奎到果园查看，发现穴施保水剂的地方冒出了一个个土堆。他知道这是由于坑挖得太浅，保水剂吸水膨胀后拱出了地面。又过几天再来看时，由于保水剂吸收的水蒸发了，又变成了一个个洞。杨双奎立即采取了补救措施。这一年，全房峪的苹果树都浇了4—5水，唯独杨双奎只浇了1水，长势照样良好。原因是，保水剂吸收膨胀后，变成了一个个小水库，果树的根正好扎在水库里。再说，肥随水动，水渗下去了，肥也就跑了，保水剂起到了固肥的作用，提高了肥料利用率。

　　听到这里，安老汉问道："这保水剂贵不贵？"

　　杨双奎说："不便宜，50多元1公斤。但算总账还是划算。"接着，杨双奎给安老汉算了一笔账：他这2.5亩苹果一年正常浇水4次，要花420元。用保水剂12公斤，需要600元。保水剂可连续用5年。如果按4年算，就能节省浇地费用1000多元。再说了，每浇一遍水，就要锄一遍草，浇水次数少，锄草就少了，节省了劳力。

　　安老汉埋怨说："这么好的事儿，你咋不早告诉俺？！"

　　杨双奎笑了笑说："我也是在搞试验，怕不成功耽误了大伙儿。现在心里有了底，马上在全村推广。"

　　安老汉说："你推广吧，我第1个报名！"

第 20 道工序：培养树形

第 1 年幼树通过定干形成第 1 层树冠，第 2 年再次定干培养树冠，第 3 年对中心干进行刻芽促枝，全树形成 20—25 个枝组，形成树形。

帮倒忙

说到富岗苹果，河北农大李保国教授功不可没。十多年来，李保国教授在岗底村苦口婆心地做果农的工作，手把手教果农学习先进管理技术。岗底人说，没有李教授，就没有富岗苹果的今天。

1999 年春节刚过，岗底村的果农们就开始对苹果树进行冬季至发芽前的修剪。李保国教授和往年一样，早早从学校来到岗底，带着村里的技术员到各家果园巡回指导。当他们来到"百亩果园"时，李教授突然大发脾气，指着一片修剪好的苹果树问："这是谁修剪的？"村里的技术员马上找到果树的主人，问清了情况。

原来，这户果农种的苹果树多，一个人忙不过来，于是就请来本村的王书林帮忙修剪。王书林修剪的树形是六七十年代流行的基部三主枝疏散分层形。这种修剪方法已经被淘汰，岗底村正在推广改良纺锤形修剪技术。过去，每亩地栽种苹果树 40 棵，这种树形还可以。而现在是合理密植，每亩种苹果树 60—80 棵，这种修剪办法就行不通了。但王书林观念比较保守，还用老办法修剪果树。

李教授是个急性子，和村里的技术员一起去找王书林说道说道。一开始，王书林还不服劲儿，说："人家富家坡村一直用这种办法修剪，不是照样结苹果吗？"原来，王书林的老丈人家就是富家坡村的，他的修剪技术也算是祖传。他家果园里的苹果树一直沿用这种修剪方法。

李教授对王书林说："'百亩果园'里的苹果树都是密植的小树，按你的办法修剪，将来会形成树形过大，枝条密集，影响通风透光，不便于管理。现在推广的主枝缓放、拉枝、刻芽等修剪技术，可以让两年生的苹果树当年成花，第 2 年结果，比你修剪的早了 1 年。你说你不是帮了倒忙吗？"

李教授的一席话，说得王书林心服口服。之后，他不仅把自己的果树修剪成了改良纺锤形，还把这种修剪技术传给了富家坡的老丈人家，富家坡的果农也跟着沾了光。

第 21 道工序：防治卷叶蛾

4 月中旬，全树喷施高效低毒、符合绿色食品生产标准的杀虫剂，防治卷叶蛾对幼树的危害。喷施药量和浓度，严格按照使用说明书执行。

名不虚传

2014 年春天，临城县北赛村为了加快脱贫步伐，决定发展苹果种植。一听说种苹果能发家致富，村民们积极性很高，一下子报了百十亩。

到哪里去购买苹果树苗？村干部经过多方打听，找到了富岗公司苹果树苗圃基地。基地负责人杨双奎向他们承诺说："在我们这里购买树苗，无偿提供技术服务，直到苹果树开花结果。"村干部一听心里十分高兴，就把这个好消息告诉了乡亲们。

一开始，很多人不相信，因为他们吃过亏、上过当。过去经常有人来村里推销种子、化肥和农药，说得天花乱坠，什么跟踪服务、技术指导，保证高产，一用就灵。一旦把钱拿走，给你个小鬼不见面。村干部解释说："这个请大家放心，富岗公司是有名的诚信企业，富岗公司的老总是党的十六大代表，他们岗底村的苹果卖到 100 块 1 个，老百姓人均年收入 3 万多元，早就成了小康村。"老百姓相信村干部说的，但心里仍敲着小鼓。

栽种苹果树之前，基地派来技术员给村民进行培训，讲解如何整地、苗木处理、挖定植坑、灌定植水、定植苗木、覆盖地膜等，完全按照富岗苹果128道标准化生产工序操作。栽种树苗那天，技术员又到现场监督指导。看到这些，不少人放心了。但仍有人说："刚刚栽上树，离开花结果还早着呢！"意思是说，后面的技术服务是不是跟得上？

到了第2年春天，杨双奎带着技术员走乡串村搞技术服务。当他们来到北赛村时，发现果园里的苹果树有卷叶蛾，立即找到村干部，把有苹果树的村民召集起来，讲解卷叶蛾的防治措施。

北赛村过去没有种过苹果树，老百姓不知道卷叶蛾的危害，也不懂得防治措施。于是，杨双奎把卷叶蛾的形态特征、生活习性、为害特点、防治措施做了详细介绍。

苹果卷叶蛾是鳞翅目卷蛾科害虫，也称"苹果大卷叶蛾""苹果黄卷叶蛾"。成虫体长6—7毫米，翅展13—15毫米，青灰色。每年发生2—3代。以2—3龄幼虫在顶梢卷叶团内结虫苞越冬。萌芽时幼虫出蛰卷嫩叶为害，常食顶芽生长点。6月上旬幼虫老熟，在卷叶内作茧化蛹，6月中下旬发蛾。成虫白天潜藏叶背，略有趋光性。卵多散产于有绒毛的叶片背面。幼虫孵出后吐丝缀叶作苞，藏身其中，探身苞外取食嫩叶。7月是第1代幼虫为害盛期，第2代幼虫于10月以后进入越冬期。幼虫卷结嫩叶，潜伏在其中取食叶肉。低龄幼虫食害嫩叶、新芽，稍大一些的幼虫卷叶或平叠叶片或贴叶果面，取食叶肉使之呈纱网状和孔洞，并啃食贴叶果的果皮，呈不规则形凹疤，多雨时常腐烂脱落。

北赛村的果农一听说卷叶蛾危害这么大，心里着急了，忙问："那可咋办？"

杨双奎说："防治卷叶蛾有3个办法：一是清园，就是清除园内杂草、落叶，树上的虫苞，粗皮、剪锯口、老翘皮等越冬处的幼虫，消灭越冬虫源，减少害虫基数；二是诱杀，在成虫发生期，利用黑光灯、太阳能杀虫灯、频振式杀虫灯或者性诱芯等方式诱杀成虫；三是用药，果树萌芽前，喷施高效氯氰菊酯等药剂，杀灭越冬幼虫。在中心花露红期、花后及幼果期用药防治为害的幼虫，可喷施甲维盐、高效氯氰菊酯等药剂。"

杨双奎接着又说："我们这里都是幼树，卷叶蛾刚刚发生，马上喷施高效氯氰菊酯就行了。等苹果树到了结果期以后每年都要提前防治，才能保证苹果的产量和质量。"

按照杨双奎说的法子，北赛村的果农很快把卷叶蛾治了下去。

后来，岗底村的技术员每年都来北赛村做技术服务，果农们说："岗底人说话算数讲诚信，真是名不虚传。"

第 22 道工序：防治苹果小叶病

对缺锌引起的小叶病，在苹果树萌芽前 10—15 天喷施 3%—5% 的
硫酸锌溶液。

巧治苹果小叶病

这是 1996 年的事了。

那时候，内丘县岗底村的苹果树没有现在这么多，管理苹果树的技术
也没有现在这么先进，苹果的名气更没有现在这么大。

那一年，岗底村的果农发现村后山上的苹果树得了一种怪病。春季苹果
树发芽开花后，树条顶部节间变短，叶片变小，呈萎状。坐果后，果变小，
而且畸形。人们还发现，这种病有的是整个果园和整棵树,有的则是局部枝条。

当时，县林业局有位技术员来村里检查苹果树管理情况，告诉果农说，
这叫小叶病，不防治不仅会影响苹果质量，还会大大降低产量，减少果农
收入。他教给果农们一个方法，每棵苹果树追施适当的硫酸锌。果农用了
1 年后，啥事也不顶，而且小叶病还在继续发展。

为了治好苹果树的小叶病，岗底村村委会专门从省城请来了一位林果
专家。专家在村里住了 3 天，把山上的苹果园查了一遍。专家告诉果农说，
苹果树发生小叶病，主要原因是营养不良。具体分析有 3 种情况：一是整园

或整棵树发生小叶病，这是由于缺锌引起的；二是局部枝条发生小叶病，这是修剪不当造成的，因为该枝条伤口过多，造成输导管被破坏，营养供给受阻；三是腐烂病、干腐病局部严重部位也发生小叶病。防治小叶病要因树制宜，对症下药，才能药到病除。于是，专家给果农开了 3 个药方：

一是对缺锌引起的小叶病，应及时补充锌。具体办法是：苹果树萌芽前 10—15 天喷施 3%—5% 的硫酸锌溶液，发病轻的浓度低一点儿，发病重的浓度高一些。土壤补锌，每棵大树施硫酸锌 0.5—1 公斤，沟施或穴施均可，但必须与有机肥混合使用，否则树体难以吸收，效果不明显。

二是对由修剪造成的局部枝条小叶病，要通过疏花疏果合理负载，修剪时以轻剪为主，去弱留强，尽量减少伤口。对患有小叶病的树和大枝应多短截，促进生长，尽量不疏枝，以免造成伤口削弱树势，导致小叶病更加严重。骨干延长枝头若患有小叶病，应全部剪掉。

三是由腐烂病、干腐病造成的小叶病，每年春天解冻后到发芽前，扒开根颈周围的土壤，晾晒 2—3 天后，用 500 倍多效灵与 600 倍甲基托布津混合液 5—10 公斤浸灌，渗透后回填。15—20 天出现新根；1 个月后，新梢开始生长，小叶病逐渐减轻。

岗底村的果农按照专家开的药方对症下药，当年就控制住了小叶病。从那儿以后，岗底村的果农根据土壤检测情况，每年秋后给苹果树穴施微肥硼、锌、铁，增加树体贮藏营养，3000 亩苹果树再也没有发生过小叶病和缺铁性黄叶病。同时，这也成了富岗苹果 128 道标准化生产工序中的第 22 道工序。

第 23 道工序：叶面喷施沼气液

沼气液是营养丰富的有机液体肥料，在幼树生长期按 1:150 将沼液兑水后对果树进行叶面喷施，能增强光合作用，促进树体和枝条生长。落花后 10—15 天，喷 3—4 次。喷施时间为上午 10 点以前，下午 4 点以后，这样可减少太阳蒸发，提高果树叶面吸收率。

沼气液的妙用

杨牛小是岗底村的一个能人。杨牛小的父亲原先是位教师，20 世纪 50 年代被错划成"右派"后下放到村里劳动改造。杨牛小的父亲识文断字，有知识，有文化，就在村里搞起了小麦优良品种试验。他引进的小麦优良品种"品三九"亩产 500 公斤，比当地的小麦品种增加了 1 倍多。于是，好多人都来岗底村换"品三九"小麦种子。

俗话说："龙生龙，凤生凤。"杨牛小在父亲的熏陶下，也对农业生产技术产生了兴趣。初中毕业后，杨牛小由于受"右派"父亲的牵连，不能上高中，只能回村接受"再教育"，在村里林业队当技术员。经过 20 多年的钻研探索，他在果树栽培管理上达到了一定的造诣。1996 年，杨牛小承包了村里 9 亩多苹果树，在他的精心管理下，苹果树长得枝繁叶茂，秋后硕果累累。

20 世纪 90 年代末，杨牛小在院里建了一个沼气池。沼气能点灯能做饭，节了煤省了电，乡亲们都很羡慕他。杨牛小通过查阅有关资料，得知沼气渣含有较全面的养分和丰富的有机质，是一种具有改良土壤功能的优良肥料。据有关资料对比试验，使用沼气渣果树可增产 21% 以上。杨牛小如获至宝，每年都把替换下来的沼气渣施在苹果园里，效果十分明显。

沼气渣是上好的有机肥，那么沼气液又有什么用处呢？杨牛小去请教河北农大的专家。专家告诉他，沼气液中含有丰富的氮、磷、钾、硒等苹果树生长所需要的养分和微量元素，是一种营养全面、不用花钱买的叶面肥。听了专家的介绍，杨牛小心里有了底。回来后，他把沼气液经过过滤后装进喷雾器里，往苹果叶面上喷施。有不少人过来看稀罕，说："光见过苹果树根上施肥，没见过在树叶上施肥，杨牛小真能耐！"你说你的，我干我的。杨牛小的 9 亩苹果树经几次喷施沼气液，有了明显变化。叶片肥厚，叶面发黑发亮。秋后苹果个头儿大，着色好，卖了个好价钱。这下人们心里真的服气了。后来，村里推广叶面施肥，全村果农一呼百应。

第24道工序：中耕除草

清除杂草可减少杂草对水分、养分的消耗，同时减少水分散失，利于保墒，还可以改善土壤的通气性，促进微生物活动。中耕除草从5月下旬到9月上旬随时进行。

人哄地皮　地哄肚皮

"前腿弓，后腿蹬，脚步放稳劲使匀，草死苗好地发松。"这是豫剧《朝阳沟》里栓保教银环锄地的一段唱词。其实，种果树和种庄稼一样，中耕除草很重要。果园里清除杂草可减少杂草对水分、养分的消耗，同时也减少水分散失，利于保墒，还可以改善土壤的通气性，促进微物活动。

岗底村有个果农叫杨二国（化名），因不重视中耕除草，吃了大亏。

1989年，杨二国承包了集体的9亩苹果园。一场春雨过后，果园里的杂草钻出了地皮，一晃眼就长了一拃高。其他果农抓紧时机中耕除草，杨二国却站在一旁说风凉话："见过草'吃'庄稼苗，没听过草'吃'苹果树。"杨二国承包的苹果树多，一个人照管不过来，就花钱雇了一个帮工。帮工见果园里的草越长越多，扛起锄头就锄草。杨二国说："锄它干啥，过几天苹果树就把草帙死了。"帮工在地里锄草，杨二国坐在树荫下纳凉。帮工一看掌柜的都这样，自己也不干了。

就这样，果园里的杂草越长越多，杏仁菜、灰灰菜长了1米多高。懒人有懒福。杨二国有个亲戚养猪，杏仁菜和灰灰菜正是猪爱吃的饲料，所以就到杨二国果园里割草喂猪。割一茬，长一茬；长一茬，割一茬。几年下来，亲戚家的猪养肥了一窝又一窝，杨二国的果园收益却一年比一年少，这正中了"人哄地皮，地哄肚皮"那句谚语。

到了 1996 年，村委会见杨二国连承包费都快拿不起了，又怕过几年他把树管死了，就解除了承包合同，分给其他村民承包。

后来，杨二国见别人承包苹果园都发了大财，后悔当初没有好好管理苹果园，让村委会解除了承包合同。李保国老师来岗底后，给村民传授苹果管理技术，杨二国每次都去认真听讲，后来被评为初级果树管理技工。

2000 年初，杨二国把村里分给他的菜地种上苹果树，又承包了邻村的一个苹果园。杨二国严格按照 128 道标准化生产工序操作，把果园管理得井井有条，没几年就成了远近闻名的富裕户。

第 25 道工序：果园铺地布

按定植行铺设，要铺展平整，最后用土覆盖在边上，防止大风吹刮。铺地布时间以春季 3 月为宜。地布可使用 5 年以上，渗水性好，保墒效果好，可长期控制杂草，具有省工节本、生产高效的优势。

果园铺布　一举五得

杨双奎是河北农大著名林果专家李保国的亲传弟子，在苹果树管理方面那真是"狗撵鸭子——呱呱叫"，是村民公认的高手中的高手。

2012 年，当了十多年岗底村生产技术服务部经理的杨双奎调到富岗公司苗圃基地当经理。苗圃基地在县城，离岗底村有 60 公里，全部是弯弯曲曲的盘山道。过去在村里干时，家里的苹果园加班加点还能管理，现在到了苗圃基地，离家远了，果园管理的任务全落到爱人一个人身上。剪枝、套袋、采摘还可以请亲戚帮忙或花钱雇人，最挠头的是果园中耕除草。七八亩果园一年要锄好几次，爱人自己根本忙不过来，你说杨双奎能不上愁吗？

李保国教授知道这个事儿后，对杨双奎说："活人还能让尿憋死，你把果园用地布覆盖就能防除杂草，还用你黑汉白流的去锄草吗？"听李保国教授这么一说，杨双奎立即去买地布，可找遍了县城大小生产资料门市都没有。于是打电话问李保国教授："哪里有卖地布的？"李教授说："具体哪里有卖的，我也不清楚，你在网上搜搜吧！我正在开车，见面再说。"

杨双奎在网上一搜，还真有这种布，叫"果园地布"，也叫"园艺地布"，是用抗紫外线的聚丙烯扁丝编织而成的黑色膜状地面覆盖材料，生产上又称为"防草布""地面编织膜""地面防护膜"等，具有防草、防虫、保肥、保墒等功效，对提高果园产量和果品质量有显著作用。果园地布真有这么神奇吗？杨双奎决定试一试。

杨双奎花 1400 元从网上买来 1000 米果园地布，开始在自己的果园做试验。铺果园地布的时间和方法有具体要求：铺地布要在春季土壤解冻之前，此时地表层集聚了冬季土壤上升的水汽，含水量较多，要抓住这一有利时机，趁追肥、雨后或浇水以后及时覆盖。一般覆盖时间不能迟于 5 月底，以便更好地发挥地布覆盖的作用。

铺地布的方法是：先把树冠下的枝叶、杂草、碎石清理干净，以防损伤地布；铺地布时使地布紧贴地面，然后用细土将两边压实，以防风吹；注意果树树干周围空开一定的距离，并用土压实，防止地布下热气烧伤树干；平时勤检查，尤其刮风下雨的时候，以防地布破损，影响覆盖效果。

杨双奎在果园铺地布时，周围果园的果农问他："双奎，你又搞什么新花样？"过去杨双奎在村里当生产技术服务部经理时，每推广一项苹果管理新技术都要先在自己果园里做试验，成功了就向果农推广。所以，大家对他的果园特别关注。

杨双奎告诉大家说："这叫地布，铺在果园后能防草、防虫、保肥、保墒，好处可多了，等我试验成功了再教你们。"

果农们高兴地说："太好了，俺们没少沾你的光，只要你弄成了，明年都铺地布。"

地布铺上之后，杨双奎每次回村时都要去果园查看一番，并做好记录。到了苹果采摘的时候，铺地布的 100 多棵苹果树与没铺地布的苹果树有了明显的变化。杨双奎总结了五大作用：

防除杂草作用。因为黑色地布透光性差，能遮挡阳光，覆盖后杂草因得不到必需的光照条件而逐渐枯萎死亡。从而在果园土壤管理中不需要进行多次中耕除草，大大降低了劳动强度。

防病虫害作用。铺上地布后，在土壤中越冬的各类虫害不能出土上树，有效降低了虫口基数，特别是对桃小食心虫、红蜘蛛等有明显的防治作用。

保肥作用。用黑色地布覆盖的土壤，因土温变化平稳，有机质处于正常循环状态，测定表明：地布覆盖下的土壤中的含氮、有机质、速效钾、碱解氮等营养指标，比不铺地布要高得多。

节水保墒作用。果园铺地布能防止土壤水分大量蒸发，提高了自然降水的利用率。比不铺地布的果园节水 40% 以上，有效减少了果园投入。

调节土壤温度作用。地布具有很好的吸热效果，铺地布可促使早春地温上升，新根生长早，有利于水分、养分及时吸收，供给地上部萌芽、开花展叶需要。

岗底村的果农一见果园铺地布有这么多好处，也开始在自己家的果园里铺地布。

第 26 道工序：地面追肥

7月中旬，每棵树挖 4—5 条放射状沟，追施氮肥（如尿素）50—100 克。

若欲取之　必先予之

中国有句成语，叫"若欲取之，必先予之"。这跟果农种苹果的道理一样，舍不得施肥结不了果。富岗苹果 128 道标准化生产工序中有 4 道工序是关于施肥的，可见其重要性。

记得 1988 年，岗底村村民的观念还没有彻底转变，村后山有 70 亩苹果树，果农对果园投入很少，基本上不施肥，1 亩苹果的产量最高超不过 750 公斤。

第 2 年，村委会通过关系从邢台市供销社购来了 5 吨美国进口二铵，按每棵苹果树 2 公斤分给果农，当时不收现金，等秋后村民交苹果时扣除。当时市场上有两种化肥非常紧缺，一种是日本尿素，一种就是美国二铵。有不少果农舍不得给果园施二铵，偷偷拉到东部平原地区高价倒卖了。

村委会发现这个问题后，专门成立了三人督查小组，每天到各个果园巡查，看看果农施二铵了没有。上有政策，下有对策，倒卖二铵肥料的事仍然时有发生。施二铵还是没施二铵，头两年从果园里看效果不太明显。

到了第 3 年，凡是施二铵的果园苹果树长得枝繁叶茂，硕果累累，亩产达到 1500 多公斤；没施二铵的果园苹果树长势很弱，产量还是 500 公斤左右。随着苹果销售价格的提高，收入差距拉大了。尝到甜头的果农对果园投入更多了，吃了亏的果农也转变了观念，加大了对果园的投入。

到了 1998 年，河北农大林果专家来村里搞技术培训时说，果园长期使用化肥，会造成土壤板结，影响根系生长，降低苹果质量和产量，建议果农多施农家肥。专家的话一出口，果农跟着走。农家肥就成了香饽饽。果农们起早贪黑掏茅稀，一担一担往山上的果园里挑。本村的茅稀掏完了，就深更半夜到邻村去"偷"。后来有人到外县养鸡场和养猪场买鸡粪和猪粪，一车一车往果园拉。由于果农施肥多了，再加上精心管理，到了 2000 年，苹果树亩产都达到了 2500 公斤左右，收入上万元。

2004 年，富岗苹果 128 道标准化生产工序实施后，果农在果树施肥上更加科学了。产 0.5 公斤果，要施 1 公斤农家肥或者 0.5 公斤有机肥。富岗公司还根据村里的土质和苹果的品种，让生产有机肥的企业生产出一种富岗苹果专用肥。果农还推广了叶面喷施钾肥、穴施微肥（硼、锌、铁）等。做到了苹果需要多少营养施多少肥，缺什么营养补什么肥。没有肥树不壮，树不壮开不了好花，没好花就结不了好果。岗底村 1 亩苹果能收入 18 000 多元，最贵的极品果卖到 100 元 1 个。

给苹果树施肥的位置和深度，也有很多讲究。一般情况下，环状、半环状适合施于幼树。条沟、穴施、放射沟施肥法以及全面撒施法，多用于成年树，施肥深度一般为 40 厘米左右，随着树冠扩大，施肥范围和深度也要相应增加，以施在根部主要分布层为宜。

在施肥过程中，果农还总结出不少谚语：三月促春梢，氮肥最重要；六月成花芽，多施磷和钾；秋后施基肥，来年发得美；施肥一大片，施到吸收点；微肥跟得上，树体才能旺。

第27道工序：秋季拉枝

进入8月下旬即可拉枝，拉枝的长度和角度根据苹果树的株行距而定。3米×4米的拉枝角度100度，枝长不超过1.2米；2米×4米的拉枝角度110度，枝长不超过0.8米。

得来全不费功夫

17世纪末，大科学家牛顿在苹果园中发现了万有引力定律。21世纪初，岗底村的一位农家妇女，在果园里发现了苹果树垂帘式整形修剪技术。

2005年初，岗底村果农王小三的父亲生病住院。他和爱人既要照顾老人，又要管理果园里的300棵苹果树，整天忙得手脚不落地。这一年，他的果园管理得比较粗放，部分该剪的枝条没有剪，一些该疏的花朵没顾上疏。苹果套袋时，王小三的爱人见一个下垂枝上结了5个苹果，纳闷了：这本该剪去的枝条咋结了这么多苹果？当时也没多想，就套上了袋。

到了摘苹果时，王小三的爱人又来到这根下垂枝跟前，一看，红通通的5个苹果，每个都有4两多重，比其他枝上的苹果大了许多。她摘下一个咬了一口，酸甜可口，清脆无比。她马上把王小三叫来，说："你看，这个下垂枝结的苹果个头儿大，口感也好，明年拉枝时咱也试几棵，看收成咋样。"王小三十分赞成。第2年，王小三选了两棵老苹果树做试验。他把长度达1米的枝条向下拉枝，拉枝角度110—130度，形成垂柳状。这次试验取得了效果。

下垂枝结的苹果为什么会产量高，品质好？王小三也弄不清其中缘由。直到第 2 年，技术员杨双奎从日本考察苹果树栽培管理技术回来，才揭开了其中的奥秘：垂帘式整形修剪技术。

杨双奎说，传统的修剪办法是将直立旺长的枝条大量剪除，虽然控制了旺长，但也造成了大量营养的损失。而垂帘式整枝则是大量保留旺长枝条，达到一定长度后向下扭转固定，通过改变生长方向，使其由营养生长尽快转化为生殖生长，使枝条的营养转化为果实的生长，这样就能大大提高果实的产量和质量。

近些年来，苹果树垂帘式整形修剪技术在岗底村得到普遍推广。垂帘式树形，垂条像垂柳，果实成串挂于枝上，形似珠帘，十分好看，引来了不少游人前来观光和采摘。

第 28 道工序：秋季施基肥

9 月底至 10 月初施基肥，以有机肥、农家肥为主。每株树施有机肥 10 公斤、农家肥 25 公斤，可采用环状沟施、放射状沟施、条状沟施和全园撒施等方法进行。

秋季施基肥　来年不后悔

2010 年，岗底村果农杨增林租赁了邻村白塔 2 亩耕地，栽种了 120 棵苹果树。离杨增林果园不远有一个白塔村的苹果园，果园的主人叫刘老三，他的苹果树是 2009 年栽种的。

岗底村的果农按照富岗苹果 128 道标准化生产工序管理苹果，不仅产量高、质量好，而且每亩比白塔村种的苹果多收入好几千元，让白塔人十分羡慕。所以，白塔村的果农也偷偷跟着岗底村的果农学习管理苹果园。

话说白塔村的刘老三，见杨增林怎么管理苹果树他就怎么管理，什么刻芽、抹芽、拉枝、扭梢、施肥、浇水、打药等，一项不落。有时弄不明白就去请教，杨增林也毫不保留地教给他。到了第 3 个年头，杨增林的苹果树开始开花结果，刘老三的苹果树也开了花、结了果。

到了 2015 年，刘老三发现自己的苹果树虽然比杨增林的苹果树早栽种 1 年，但枝条短，树势弱，开花少，果个儿小，产量低。他把杨增林请到自己的果园里，看看到底是咋回事。杨增林仔细查看了一番，说道："你的苹果树没有什么别的毛病，主要是营养不良。"

"不会吧，你浇水我浇水，你施肥我也施肥，咋能营养不良呢？"

杨增林问："你一年施几次肥？"

刘老三想了想说："花前施过 1 次，幼果膨大期施过 1 次，还给叶面喷施过 1 次。"

"为啥秋季没施基肥？"

刘老三嘿嘿一笑，说道："你秋季施基肥时，我也见到了。但我琢磨着，到了秋季苹果树基本定型了，好比人不干活了还吃啥饭？所以这两年都没有施基肥。"

"问题就出在这里。"杨增林说："果树是多年生木本作物，产量是多年营养累积的结果，要从上一年乃至前几年开始打基础，才能积累下更多的营养物质，保证当年的果树树势健壮、果实累累。如果上年秋施基肥不到位或不注意连年投资营养积累，别说产不下好果子，树势很快就会垮下去。树势一旦垮了，3 年都缓不过劲儿。所谓'人荒地一年，地误人三年'，说的就是这个道理。"

刘老三说："秋季施基肥这么重要？"

"那当然了！"杨增林说："秋季是果树根系的第 2 次或第 3 次生长高峰期，在落叶前施肥，根系再生能力强，能更多地吸收土壤中的养分和水分，以利越冬。此时地温适宜，土壤湿度大，微生物活动旺盛，肥料腐熟分解快，矿化度高，易被根系吸收；肥料中的速效部分被根系吸收利用后，能大大增强叶功能，对今年明显改善树体的贮藏养分，为明年开花、展叶、坐果打好基础，从而提高苹果的产量和质量。"

听杨增林这么一说，刘老三服劲儿了，坚持每年秋季施基肥。2 年后，刘老三果园里的树势有了明显改变，苹果的产量也高了，质量也好了，钱包也渐渐鼓了起来。

第 29 道工序：灌封冻水

落叶后至土壤结冻前灌透水 1 次，以提高地温，利于苗木安全越冬。

果园灌冻水　开春发得美

"果园不冬灌，受冻又受旱；果园灌冻水，开春发得美。"这条农谚，是岗底村果农在管理苹果实践中总结出来的，成了富岗苹果 128 道标准化生产工序之一。

90 年代初，岗底村新栽了一批苹果树，有几户果农因为没有灌溉封冻水，第 2 年春暖花开时，部分小树就死了，没有枯死的幼树萌芽晚，生长量小，枝条短。而灌溉了封冻水的树苗，不但没有枯死，而且萌芽早，生长量大，枝条长，叶片大。从那时起，村委会就做出一项规定：不浇封冻水的果园，要给承包者一定处罚。

2013 年春天，西台村有几户果农跑到富岗公司找生产技术服务部的技术员，说他们去年栽种的苹果树有的死了，活下来的萌芽晚或不整齐，展叶后又出现干缩现象。

技术员跟着西台村的果农来到果园，一眼就看出了问题，问他们："去年冬天浇封冻水了吗？""没有。俺们村过去光种板栗、核桃、柿子树，没种过苹果树，不知道还要浇封冻水。"西台村的果农如实回答。技术员说："1—5年生的苹果树，由于发育还不成熟，保护组织不发达，容易受冻害而干枯死亡。受冻轻的树苗虽然没有死，但发芽迟，叶片瘦小或畸形，生长不正常。如果浇上封冻水，就好比给果园盖上一层棉被，形成保护层，不易冻伤树根。"接着，技术员又给当村的果农们讲述了果园灌溉封冻水的五大好处：一是能提高果树抗寒能力，促使树体释出潜热和土壤水凝结热，保护树体安全越冬；二是灌水后能有效冻死或闷死一部分在果树根部及土壤里的害虫，还能大大降低虫蛹的羽化率，减少来年春季虫害发生；三是有利于果树根系对矿物质的吸收，提高树体对营养物质的积累；四是可以缓解冬季果树叶片蒸腾和供水的矛盾，避免果树因缺水而引起的干冻；五是能防风蚀，特别是坡丘和河滩地，土质疏松，黏力差，冬灌后可使土壤处于湿润状态，达到既保温、保湿又防冻的目的，还能杜绝风蚀，保护土地。

这时有果农问："什么时间浇封冻水最好，浇多少为宜？"

技术员掏出随身携带的《富岗苹果128道标准化生产工序》手册，告诉果农："落叶后至土壤结冻前灌水最好，以灌后水分渗入土壤50—100厘米为宜。过少了不能满足需要，过多了水就会把肥料元素冲到无根区域，造成肥料流失浪费。"

听说岗底村来了技术员讲苹果管理技术，附近果园里正在干活的果农们也纷纷放下手中的工具前来旁听，并提出了苹果树栽培管理中的一些问题。技术员按照富岗苹果128道标准化生产工序，一一做了解答。

临走时，西台村不少果农记下了富岗公司生产技术服务部的电话号码，以便在苹果树管理中遇到难题时及时请教。

结果期管理

第 30 道工序：一年生枝条全部刻芽

苹果树发芽前，在芽前方 1—2 毫米处用钢锯条拉一下，深达木质部。主要刻两侧及背下的芽，可促进枝条萌发，提高萌芽力。

一个女婿"顶仨儿"

中国有句俗话，叫作"一个女婿半个儿"。可内丘县侯家庄村的张老汉却说，一个女婿"顶仨儿"。有人问，难道他的姑爷是"金龟婿"不成？在张老汉的眼里，他的姑爷比"金龟婿"还金贵。

2001 年春天，经人介绍，张老汉的女儿与岗底村青年梁国军相识。两个年轻人一见钟情，很快就坠入了爱河。

梁国军身材高高的，人长得瘦瘦的，皮肤黑黑的，是岗底村一名林果技术员。虽然在有些人眼里他长得不算十分英俊，但他是个林果技术员，在周围村也小有名气。虽然这样，张老汉也并不十分满意。因为侯家庄村是乡政府所在地，是全乡的文化、政治、经济中心。在山里人看来，也算半个城里人。当时岗底村的名气也没有现在这么大，岗底人也不像现在这么富。但女儿看中了，张老汉也无可奈何，只好说："儿大不由爷，随她去吧，这是命里注定的。"

一眨眼到 2003 年春天，乡政府号召各村学习岗底，大力发展苹果种植，并购来树苗分到各家各户栽种。当时，村里多数村民不愿种苹果树，一是苹果树管理太麻烦，自己不懂技术；二是种苹果树三五年之后才见效益，到那时行不行谁也不敢打保票，不如种庄稼保险。张老汉更是不愿意种苹果树，因为和岗底村的梁家成了亲家后，他见岗底的果农一年四季没有闲的时候，更让他挠头的是剪枝、抹芽、疏花、套袋、防病、治虫等，他一窍不通。让他种苹果树，那不成了赶鸭子上架吗？

张老汉的女儿把父亲的情况告诉了梁国军，国军说："你放心，让我做做老人的工作。"那时候两人还没有结婚，严格地说张老汉只能算是他的准岳父。国军说："现在苹果销售市场很好，潜力很大，前景广阔，俺们村家家户户种苹果，每亩收 1 万多元，比种庄稼强 10 倍。至于苹果管理技术方面你就放心，我全包。"接着国军又说："如果种苹果你亏了，我包赔；要是赚了钱，我一分不要。"这真是拾了麦子打烧饼——净赚。张老汉一见国军打了保票，就放心了。张老汉女儿的堂哥和舅舅也找上门来，请梁国军当技术顾问，也打算栽种苹果树，梁国军也满口答应。

栽种苹果树时，梁国军来到准岳父家，指导他们按照富岗苹果 128 道标准化生产工序，挖定植坑，沉实定植带，灌定植水，严格按工序操作。当张老汉从村里领来苹果树苗准备栽种时，被梁国军挡住了。国军说："栽种前必须对树苗进行处理，才能保证成活率。"张老汉不懂，就问："咋处理？"国军解释说："树苗刨出来后经过运输，到咱们村有好几天，首先要对根系做适当修剪，然后用清水浸泡一天一夜，补充失去的水分，这样才能保证树苗成活和日后的生长。"张老汉一听有道理，就说："你说咋办就咋办。"

在梁国军的指导下，张老汉等 3 家栽种的苹果树全部成活，而且长势一天比一天好。其他有些户由于没有对树苗进行处理，成活率只有80%，就是活了的苹果树苗也没有张老汉的树苗长得壮实。这一下，让张老汉对这位未来的女婿刮目相看了，没到年底，就操持着把两人的婚事办了。

到了第2年春天，梁国军来到岳父家，说去年栽种的苹果树该刻芽了。岳父不解地问："什么，苹果树还要刻芽？"国军说："发芽前一年生苹果幼树枝条全部刻芽是春季管理的一项重要技术措施。刻芽可显著提高萌芽率，促进隐芽的萌发和新梢的生长，使幼树早成形、早结果、早丰产。"

岳父说："怎么刻芽俺们都不会，你好好讲讲。"

于是，梁国军把刻芽的时间、方法和注意事项做了详细讲解：

苹果树春季刻芽在萌芽前15—30天至萌芽初期进行，一般时间为3月中下旬至4月中旬。时间过早，伤口会散失树体内水分，且芽体失水受冻，严重者干枯死亡。刻芽就是在果树枝干的芽前方1—2毫米处，用小刀或小钢锯横切皮层达木质部。对一年生枝一般只在中部刻，梢部20—30厘米不刻，基部10—15厘米不刻。刻芽时应注意从一年生枝开始，弱树、弱枝不要刻。多刻侧芽，少刻背上芽；对于粗壮枝条要多刻，细弱枝条少刻。刻刀和剪刀要专用，并经常消毒，以免刻伤时造成感染。

讲完后，梁国军又亲自做示范，直到大家都学会为止。

按照富岗苹果128道生产工序要求，苹果管理确实很复杂。比如，刻芽、抹芽、扭梢、扭枝、环剥、环刻、疏花、疏果、套袋、摘袋、转果、铺膜等，每一道工序都不能少。为了让岳父、舅舅、堂哥尽快掌握苹果管理技术，梁国军就把他们叫到自家果园，一项项进行现场讲解培训，不到两年工夫，他们也都成了管理苹果的行家里手。

张老汉家里种了 85 棵苹果树，2012 年收入达到 3 万元。其他两家亲戚也都发了苹果财。2013 年，张老汉又栽种了 50 棵苹果树。他说："1 个梁国军富了 3 家人，真比 3 个儿子还顶用。"

第 31 道工序：春季防病治虫

果树发芽前，全树喷施 5 波美度石硫合剂，可防治白粉病、锈病、腐烂病、褐斑病及红蜘蛛、蚧壳虫等多种病虫害。

买卖不成人情在

武安市赵庄村的韩支书这样评价岗底人："实诚、义气、聪明，特别是创造的富岗苹果 128 道标准化生产工序，更是令人敬佩。"

2012 年金秋时节，邯郸市林业局来人到富岗公司考察学习，他们对富岗公司的 128 道标准化生产工序大加赞赏，请求在邯郸市建立富岗苹果生产示范基地，然后全面推广。双方一拍即合，达成了合作意向。

2013 年春节刚过，富岗公司派出考察小组三进邯郸市，最后确定在武安市的赵庄村建立生产示范基地。赵庄村和岗底村相距 150 公里，但都在太行山深处的同一经度上，自然环境差不多，再加上交通方便，水的条件好，土地资源丰富，是建设富岗苹果生产示范基地的最佳选择。邯郸市林业局，武安市委、市政府以及赵庄村党支部，对这件事非常支持，专门召开市长联席会议，研究制订具体措施。但由于土地问题没有落实，示范基地的事情就搁浅了。

过了一段时间后，赵庄村的韩支书给富岗公司打来电话，说他们村准备种 300 亩苹果，看对方能否派人过来看看。富岗公司董事长杨双牛立即派公司生产技术部经理杨双奎和一名技术员去赵庄村查看情况。杨双奎来到赵庄村一打听，原来是武安市一个煤矿老板在赵庄村租了300亩土地，准备建苹果园，韩支书不放心他们的技术，就打了这个电话。杨双奎把情况向杨双牛董事长汇报后，问："咱们怎么办？"杨双牛回答说："买卖不成人情在，如果他们需要技术指导，你就待几天。"

那位煤矿赵老板为了种好苹果树，专门从武安市林业局聘请了一名姓韩的高级农艺师当顾问。杨双奎来到苹果园时，他们已经挖好了定植坑。两个人一见如故，从苹果栽种到定植管理，从有机苹果生产到新技术应用，两人越谈越投机。韩农艺师对这个岗底人刮目相看，请求他多待几天，把300亩苹果树栽上。

杨双奎见他们给苹果树施底肥每亩不到250公斤，就说："按富岗苹果生产工序，底肥必须是有机肥，每亩不少于2吨。"韩农艺师说："这事儿咱做不了主，得和赵老板商量。"杨双奎二话没说，立即就给赵老板打电话讲明情况。赵老板一听说是富岗公司来的技术员，就说："按富岗的标准办，该施什么肥就施什么肥，需要施多少就施多少。"

赵老板又给韩农艺师打电话嘱咐说："以后咱们在果园管理上，也要按照富岗苹果128道标准化生产工序操作。人家是全国有名的苹果大王，咱们可要虚心学习。"可有机肥到哪里去买，赵老板不知道，韩农艺师也不清楚。杨双奎是个热心肠，立即为他们联系厂家，第2天就把有机肥送来了。

从此，韩农艺师和杨双奎成了好朋友，经常通电话交流苹果管理技术，杨双奎也成了赵老板的义务技术指导。

有一次，赵老板给杨双奎打电话说："苹果树上生了一种小虫子，体长0.5毫米、宽0.3毫米左右，体圆形深红色，背部隆起，长着白毛，是害虫还是益虫？"杨双奎说："你光说不中，把照片发过来让我看看才能确定。"

赵老板通过微信把照片传了过来，杨双奎看了后说："这是苹果害螨，也叫'红蜘蛛'，要抓紧时间防治。"接着，又通过微信把苹果害螨的生活习性、为害特点和防治办法传了过去。

苹果害螨为果树害虫，以若螨、幼螨、成螨刺吸果树嫩芽、叶片和花蕾，轻者叶片失绿变黄，重者焦枯造成早期落叶，猖獗年份危害幼果，给苹果树造成很大损失。苹果害螨藏在树皮裂缝内和主干基部土块缝里越冬，春季苹果萌芽时出蛰，集中到芽上为害，展叶后即转到叶上。苹果树展叶至花序分离初期是出蛰盛期。盛花期产卵最多，卵经8—10天化为幼螨。第2代卵在6月上旬开始孵化。以后各代重叠发生。7—8月间繁殖快，为害重。防治方法是在果树萌芽前喷施5波美度石硫合剂，刮除主干、主枝的翘皮和粗皮，集中烧毁，消灭越冬虫源；果树发芽后在越冬雌成螨出蛰盛期，或越冬卵化盛期，喷布杀螨剂等，杀虫效果显著。

过了几天，赵老板来电话告诉杨双奎说："按你说的方法一治，果然把苹果害螨治下去了，谢谢你！"

"不客气！"杨双奎说："以后每年在苹果树发芽前全树喷施5波美度石硫合剂，消灭越冬雌性成螨，就会取得事半功倍的效果。"

"记住了，我一定按你说的办！"

后来，赵老板和韩农艺师在苹果园管理过程中，严格按照富岗苹果128道标准化生产工序操作，苹果树长势一年比一年好，300亩苹果园第6年就进入了丰产期。

第32道工序：春季施肥

　　土壤解冻后至萌芽前施少量有机肥，满足发芽、开花所需的养分供应，增强树势，提高坐果率。

船到江心补漏迟

　　内丘县界子口村，有个老汉叫宋脏小。

　　过去，在农村有个风俗习惯，小孩儿生下来后怕不成人，爷爷就抱着孙子到外边去撞名，碰到的第1个人起什么名字就叫什么名字。比如老臭、粪叉等。至于宋脏小的名字是怎来的，连他自己也说不清楚。

　　改革开放的第4个年头，宋脏小联合3户村民在界子口村磨石沟承包了15亩苹果树。等到苹果树进入盛果期后，开花少，结果也少，亩产超不过500公斤，交了承包费后，所剩无几。1995年，宋脏小通过亲戚关系从岗底村把果农杨文国请来帮他管理苹果园。

　　那一年，杨文国刚满26周岁。别看杨文国岁数不大，他从1988年开始学习修剪果树，1991年承包果园，是岗底村科技开发服务公司的一名主力队员。

　　杨文国来到宋脏小的果园一看，心里不由得凉了半截。树龄已经10年了，同岗底村同龄树比起来，树冠小，主干细，再加上自然生长，从没修剪过，条子疯长，内膛郁闭，不通风，不透气，树势又弱，怎么能丰产丰收？杨文国和几个人忙活了 1 个月，才把果园修剪好，杨文国问宋脏小："你们的苹果树长势这么弱，每年 1 亩地施多少肥？"宋脏小回答说："俺们从来没施过肥，就是买点肥料也都下在庄稼地里。"杨文国说："怪不得你们的树势这么弱，常言道，母大儿肥，无肥不长树，树弱结果少。在俺们岗底村，已经达到了斤果斤肥。你们以后要施农家肥和有机肥，把树养壮了，产量自然而然就上去了。"

第 2 年春天，杨文国又来到宋脏小的果园修剪果树，发现有几棵树出现了腐烂病，就及时刮去了病斑，涂上了杀菌剂，果树病情当年得到了控制。杨文国告诉宋脏小说，腐烂病是一种很难根治的苹果树病，轻则影响果园产量和果品质量，重则引起苹果树死亡，甚至能毁掉整个果园。一年四季都要经常检查，发现病斑要及时刮除，防止传染整个果园，造成严重损失。

到了第 3 年，杨文国发现宋脏小果园里那几棵去年刮过的腐烂病又复发了，而且又有十几棵苹果树出现了腐烂病。杨文国把宋脏小叫到跟前，说："苹果树发生腐烂病的主要原因是树势太弱，这和人一样，身体强壮了，百病不侵，体格越差，越好得病，你再不给苹果树追施肥料，加强管理，腐烂病就很难控制住，后果不堪设想。"从那年后，由于其他原因，杨文国再也没去过宋脏小的果园。

虽然杨文国多次提醒宋脏小，但他都当成了耳旁风。后来，宋脏小果树中的腐烂病越来越多，越来越严重。这时，宋脏小才相信了杨文国当初的话。于是，他和伙计们商量后，开始给苹果园追施肥料，但为时已晚，没过两年，15 亩果园 600 多棵苹果树全部枯死了。

　　到了 1999 年，河北农大李保国教授来到岗底村，给果农讲苹果管理技术。宋脏小听说后也前来听课。杨文国见到了宋脏小，问他的果园现在咋样，宋脏小后悔地说："当初没听你的话，苹果树早就枯死光了。"

　　从此以后，宋脏小认真学习富岗苹果 128 道标准化生产工序，潜心研究苹果树栽培管理技术，不仅把自己的果园管理得井井有条，还经常给村里的果农当技术指导，成了三里五乡的能人。

第 33 道工序：浇萌芽水

土壤解冻后至萌芽前灌水，使果园持水量达到 80%，利于开花、枝条生长及坐果。

安小三后传

安小三可是岗底村的名人。2003 年《河北日报》刊登了一篇故事：河北果农安小三，再不跟科技耍小聪明了。

事情是这样的。

安小三心灵手巧，是乡亲们公认的聪明人儿。刚开始学习苹果树管理技术时，他一听专家讲果树管理课，心里就嘀咕："傻子才听你那一套呢！投入那么大，你讲完拍拍屁股走人，赔了谁管？"专家叫在树干刷白灰预防冻害，他只刷挨着路边儿的树；专家说限产保质，疏果要"狠"，他听不进去。专家带的学生帮他疏果，青果落了一层，安小三一见急了，板着脸对学生说："专家在，你们听专家的；专家走了，就听我的。果留稀了产量低，到头来还是我吃亏。"

"人哄树皮，树哄肚皮。"那一年，安小三经营的 4 亩果园只收了8500 公斤苹果，上等级的果子仅有 1500 公斤，极品果只收了 2 个。次果多，价钱低，他辛苦了一年，倒赔进去 4000 多元。

安小三一上报纸，十里八乡的人都知道了。到秋季采摘苹果的时候，一些外地来的游客，也指名道姓找安小三，不管买不买苹果，也要到安小三的果园里遛一遭，看看安小三长得啥模样儿。

安小三的压力可大啦。他想，再不好好学习苹果管理技术，愧对父老乡亲。过去，安小三见到科技人员绕道走，后来都是主动上前打招呼；过去，村里请专家讲果树管理技术课，他听不进去，后来主动找专家请教；过去，村里开果农会，他总找理由不参加，后来逢会必到。

2004年，富岗集团推出《富岗苹果128道标准化生产工序》，安小三专门复印了一份，认真研读。什么时候该刻芽了，什么时候该拉枝了，什么季节该防病治虫了，什么季节该浇水了，他都记得滚瓜烂熟，严格按照程序操作，从不走样。根据实践，他总结出了不少苹果管理口诀：树枝角小树势旺，不结苹果枝朝上；要想苹果年丰产，角度必须要开张。满树花，半树果；半树花，满树果。无肥不长树，无光不结果。花前动动剪，来年必增产。

2009年，邢台农校和岗底村联合开办了果树栽培管理中专班。安小三想报考，因超过年龄未能如愿。第2年，村里与邢台农校签订合同，对果农进行果树工技能培训。安小三积极报名参加，经过半年的刻苦学习，以优异成绩获得了国家农业部、人力资源和社会保障部联合颁发的初级果树工证书。

2013年，安小三流转了白塔村4亩地，种上了苹果树。当时，白塔村有一户村民的地和安小三的地紧挨着，也种上了苹果树。安小三发现，白塔村的这户果农不给苹果树浇萌芽水，就过来问他为什么，那人回答说："冬天浇了封冻水，过一段要浇花前水，以后还要浇幼果速生期水，浇不浇萌芽水对果树不会有啥影响。"

安小三说："不是没影响，影响可大了。"接着解释说："这次浇水是苹果树全年十分关键的一次，浇水后能促进肥料的吸收，对于幼树萌芽、展叶、抽梢都有很好的作用，同时对预防低温、冻害、霜害等有很好的效果。"

安小三虽然讲得很清楚，那个人就是不相信，并说："咱们一年栽种的苹果树，到时候看看谁的先结果。"

到了第3年，安小三的苹果树枝条长，叶片肥，树势旺，开了花，结了果。而白塔村那户果农的苹果树，由于不浇萌芽水，影响了幼树萌芽、展叶、抽梢，无法培养结果枝组，到第5年才开花结果。

在事实面前，白塔村的那户果农心里服气了。从此，他拜安小三为师，虚心学习富岗苹果128道标准化生产工序，成了白塔村里的科技能人。

第 34 道工序：萌芽后抹芽

萌芽后去除中心干上的无用芽，集中营养，有利于骨干枝生长。

老皇历不能看了

从岗底村向东走 3 公里，有一个村叫云大村。乍一听这个村名，感到怪怪的。其实也没什么来历，只是一个村名罢了。

2011 年春天，云大村有几户农民种了 10 亩苹果树。按照富岗苹果 128 道标准化生产工序，树苗栽上后，第 1 步先定干，第 2 步是刻芽，第 3 步套塑料袋，第 4 步是抹芽。头 3 步他们做得比较好，到了第 4 步却出了问题。

到了抹芽的季节，这几户农民不知道该抹哪些芽，就找本村一位老果农去请教。老果农告诉他们说："在定干的剪口下留 4—5 个芽，剩下的全部抹掉。"他们按照老果农教的法子，把 10 亩苹果树全部抹了芽。这几户农民是云大村的种植苹果示范户，党支部书记刘富柱对他们很关注，经常到果园查看苹果树的生长情况。如果种植成功，能见效益，就在全村大面积发展。

2012 年 3 月的一天，云大村党支部书记刘富柱有事来到岗底村，正好碰见杨双奎在果园给苹果树刻芽，忙上前打招呼："忙啊！杨经理。"杨双奎一看是云大村的刘支书，老熟人，忙答话："给小树刻刻芽，明年让它开花结果。"

"你这是哪年种的树？"刘支书问。

"去年春天呀！"

刘支书一听是去年栽种的苹果树，心里不由一惊。他见杨双奎的苹果树上已长了十几根枝条，长度都在 1 米以上，树干直径达到了 3 厘米。他想到自己村那几户果农同一年栽种的苹果树，到现在就那么四五根枝，长度不到 50 厘米，树干直径最多只有 2 厘米，树的长势差得很远。他对杨双奎说："俺村有几户去年也栽种了苹果树，比你这长势差远了，抽空儿过去给看看吧。"杨双奎爽快地答应了。

大约过了 1 个星期，杨双奎专门来到云大村，到果园一看就明白了，问题就出在去年春天给幼树抹芽上。

按照富岗苹果 128 道标准化生产工序，幼树抹芽主要是抹掉 50 厘米以下的芽子，以便集中营养，使留下的芽子更好地生育发展。而云大村的果农只剩下 4—5 个芽子，其他全部抹掉。幼树和成年树不一样，枝叶量越大，树势长得越快。反之，树干加粗慢，树冠成形晚。

云大村的果农说："是老果农教俺这样抹芽的。"

杨双奎说："20 年前俺们岗底村也是这样抹芽，那时是按基部三主枝疏散分层形培养树形，结构比较复杂，早已淘汰。现在推广的是改良纺锤形和垂帘式树形，结构简单层次少，结果早，产量高。"

杨双奎接着又说："我正在搞一个幼树不抹芽的试验，头 4 年通过拉枝、刻芽、环割、促花等手段，让下部结果。4 年后，通过提干，培养上层枝结果。如果成功了，一定传授给你们。"

在场的几个果农高兴地说："那太好了，今后俺们要向你学习先进的苹果树管理技术，再也不按老皇历办事了。"

第 35 道工序：叶面喷施生物钾肥

果树展叶后喷施含量 98% 的生物钾肥，兑水 600—800 倍，全树喷施，能使果个儿明显增大，糖分增加，提高着色度，果皮光洁，并且风味口感等内在品质得以改善。

杨老汉学艺

古人云：人过三十不学艺。可岗底村年过半百的杨书合老汉，却报名参加了果树工技能培训班，和儿子成了同班同学。

杨书合出生于 1956 年，初中毕业后因无缘读高中，只好回家务农。杨书合从小爱好文学，梦想当个作家。回乡后，他写了不少小说、散文，因为没有名师指点，终没圆了作家梦。从 1981 年开始，杨书合当上了村里的出纳员，后来又当会计、支部委员、党支部副书记。杨书合在村里一干就是 30 来年，家里种的 5 亩多苹果树都是爱人和孩子管理。不是杨书合不帮忙，一是工作忙没时间，二是自己不懂技术帮不上忙。

有一次，杨书合闲着没事就去自己家的苹果园转悠，看到不少苹果树的叶缘出现茶褐色枯焦，严重的整个叶片枯焦，但不落叶。这是咋回事？杨书合弄不明白。刚巧，李保国教授路过这里，马上请到果园讨教。李保国教授仔细看了看说：“这是苹果树缺钾造成的。”杨书合忙问：“会影响果树生长吗？”

"影响大了。"李保国教授解释说："钾是植物生长所必需的一种成分，能促进植物体内酶的活化，增强光合作用，促进糖代谢，促进蛋白质合成，增强植物抗旱、抗寒、抗盐碱、抗病虫害等能力，同时钾肥在改善植物产品品质方面也起着重要作用。缺钾的苹果树新枝生长缓慢，基部叶和中部叶的叶缘失绿呈黄色，常向上卷曲；缺钾较重时，叶缘失绿部分变褐枯焦，严重时整叶枯焦，就会严重影响果树正常生长。"

杨书合着急地问："这可怎么办？"

李保国教授笑了笑说："看来杨老哥当领导还行，管理苹果树一般，我教给你一个法子，在树叶上喷施生物钾肥，保证一喷就好，而且还能使苹果个头儿增大，糖分增加，提高着色度。"杨书合马上照办，喷施了2次以后，苹果树发黄的叶片变绿了。到了秋后，杨树合的苹果园产量提高了25%，果品质量也有了明显改善。

这件事儿对杨书合触动很大，他决心好好学学苹果树的管理技术，等退休后帮助家人打理果园。

2010年杨书合退休了，正好赶上岗底村与邢台农校签订合同，对全村果农进行果树工技能培训。杨书合听到消息后，第1个报了名。

听说杨书合报名参加果树工技能培训班，老伴儿不乐意了，说："你都当爷爷的人了，还跟年轻人一样参加什么技能培训班，不怕人家笑话？"老杨一本正经地说："笑话啥？不懂技术，管不好苹果，那才叫人笑话。"接着，老杨又说："咱们富岗苹果出了名，那是因为严格按照128道生产工序生产，可我不懂，不参加培训咋行？"杨书合不仅自己报名，还动员儿子报了名。

开学那天，杨书合坐在教室里看了一圈，208名学员数自己年龄大。

老师开始讲课了，杨书合认真听，认真记。到底是年岁大，脑子慢，手也慢，中国字还好懂，老师一讲英文，他就毛了。听不懂，下课后就主动找老师请教。笔记记不全，回家后就抄儿子的。经过半年的学习培训，杨书合终于获得国家农业部、人力资源和社会保障部颁发的初级果树工证书。

学与不学大不一样。杨书合由门外汉变成了苹果管理的行家里手。什么高产栽培、整形修剪、病虫害防治，说得头头是道。环剥、拉枝、疏花、套袋等，样样活计拿得出手。过去他在村里当会计被人们誉为"铁算盘"，如今乡亲们称他是苹果管理的"土专家"。

第 36 道工序：扭梢

新梢长到20—25厘米时，于半木质化部位扭转180度以上，促进成花。

苹果树"吃错药"

人能吃错药，苹果树也能"吃错药"吗？能。不信，给你讲个故事。

改革开放初期，岗底村新上任的党支部书记杨双牛带领全村干部群众，拉开了治山、治水、种果树战斗的序幕。到了1987年，山坡上栽种的几百棵苹果树长得郁郁葱葱，好不喜人。按照当时的栽培技术，苹果树是3年结果，5年达到丰产期。可到了第5个年头，苹果树光长枝条不见果，成了一群不下蛋的"鸡"。

这时，有人开始怀疑岗底村的土质是不是不适合种植苹果树。还有人背后说怪话："种苹果树是劳民伤财瞎折腾！"面对议论，党支部一班人坚定信心，派人到省里的林果部门向专家请教。专家告诉他们，苹果树光长枝条，不开花，不结果，那是长"疯"了，必须调整树势促进成花，并推荐了一种叫"多效唑"的植物生长调节剂。

多效唑买回来后，他们立即给苹果树的叶面喷施。第2年，苹果树的枝条明显短了，花也开了，果也有了。但他们发现，苹果树开的花都是一堆一堆的，结的果不仅个头儿小，着色差，而且果柄非常短，吃起来口感也很差。后来他们才知道，多效唑对果树生长虽然有一定的抑制作用，如果用量过大，就会产生副作用。后来，这种药禁止在苹果树上使用。

在专家的指导下，岗底村的果农学会了扭梢技术，控制果树旺长。具体操作方法是：当新梢长到 25 厘米以上时，于半木质化部位扭转 180 度，抑制长势，促进成花。这一招还真见效，当年成花，第 2 年结果。不下蛋的"鸡"终于下蛋了。后来，岗底村的果农还学会了环剥、环割、拉枝、刻芽等管理技术，苹果的产量逐年提高，质量越来越好。

现在，岗底村的果农按照富岗苹果 128 道标准化生产工序管理苹果，再也不会发生"吃错药"的事了。

第 37 道工序：小主枝环剥

当小主枝上新梢长到 10—20 厘米时进行环剥，剥口宽度为枝直径的 1/8—1/10，环剥口要用报纸条缠绕 3—4 圈，对剥口进行保护。

晚谷子少出米

老百姓经常说："晚谷子不少出米。"可白塔村的"晚谷子"真的少出米了。

白塔村和岗底村，一个在坡东，一个在坡西，是村邻村，地连地。在过去的那个年代里，白塔村是省里的先进典型，号称"二大寨"。30 年后，岗底村成了全国的先进典型，白塔村却默默无闻了。真是三十年河东，三十年河西。

岗底村靠种苹果让农民的腰包鼓了起来，人均年收入 2 万多元。附近村里的人眼红了，也跟着种起苹果来。白塔村也不例外，也种了不少苹果树。岗底村严格按照富岗苹果 128 道标准化生产工序管理，什么时候浇水，什么时候施肥，什么时候拉枝，什么时候套袋，丁是丁，卯是卯。过去，白塔村是师傅，岗底村是徒弟；现在，岗底成了师傅，白塔成了徒弟。在果树管理上，白塔村的果农见岗底村的果农干什么，他们就跟着干什么。到底为什么这么干，他们心里不明白，又不好意思向岗底人虚心请教。

1999 年，白塔村 19 户村民联包了 130 亩苹果园，并聘请刘保生当技术员。刘保生是岗底村的外甥，他的表哥杨双奎就是岗底村的农艺师，负责全村的苹果树栽培管理。因为有了这层关系，杨双奎也经常指导刘保生对白塔村的苹果园进行管理。

这年 5 月，苹果树的新枝长到了 10—15 厘米，正是环剥的最佳时机。对小主枝环剥，可促进花芽分化形成，是第 2 年苹果丰产的重要措施之一。杨双奎打电话告诉刘保生说，现在正是苹果树小主枝环剥的关键时候，马上组织果农进行环剥。刘保生放下电话，马上找到果园管事儿的说，岗底村的人正在对果树进行环剥，咱们是不是也组织人到果园进行环剥？当时，管事儿的因家里盖房没空，于是说，不着急，过几天再环剥也没事儿，"晚谷子不少出米"。等管事儿的把房盖好，已经到了 7 月中旬，这才带着果农对苹果树进行环剥。可惜，已经错过了环剥的最佳时机。

"晚谷子"真的不会少出"米"吗？第 2 年就见分晓了。白塔村的 130 亩果园在山的东边，岗底村的果园在山的西边，中间隔着一道岭。阳春三月，草长莺飞，正是苹果树开花的时节。站在岭上向西看，岗底村的苹果树白茫茫花似海；向东看，白塔村的苹果树万绿丛中点点白。花多果多，花少果少，两个村里的果农心里都明白是咋回事。

后来，岗底、白塔两个村的果农在苹果的管理上，互相学习，互相帮忙，携手奔小康。

第38道工序：防治红蜘蛛

麦收前后，全园喷施 0.2 波美度石硫合剂。按照使用说明书要求，严格掌握使用浓度，注意用药间隔时间，控制喷药量。

舅舅沾了外甥光

2004 年的春节刚过，一辆北京吉普车行驶在太行山蜿蜒起伏的土路上，荡起的尘土随风飘扬。车上坐着 5 个人，除司机师傅外，两位是山西省昔阳县车寺村党支部书记和村委会主任，另外两位是河北省内丘县岗底村党支部副书记杨海军和林果农艺师杨双奎。这 5 人要干什么去，接下来咱们说说。

车寺村和岗底村虽然归两个省管辖，但中间只隔一座山头，相距不到 30 公里。车寺村在当地是个大村，有 1500 多亩苹果树，由于管理落后，每亩产果不到 1000 公斤，每公斤只卖 5 毛钱。而大山东边的岗底村，种了 3000 多亩苹果树，每亩产果 3000 多公斤，每公斤苹果卖 4 块多，最贵的苹果卖到 100 元 1 个，还上了电视登了报，全国人都知道。车寺村的人纳闷儿了，都是太行山区，苹果品种也一样，咋差距那么大？

车寺村的党支部书记想到岗底村看一看，请几个技术员过来指导苹果树管理。但又一想，岗底村没熟人，找谁去联系？后来，经多方打听，才知道岗底村党支部书记杨双牛是邻村皋落村一村民的外甥。于是，立即赶到皋落村杨双牛的舅舅家，找到了杨双牛的名片。车寺村党支部书记立即拨通杨双牛的电话，说明情况。杨双牛一听是姥娘家里的人求援，一口答应了。这不，刚过元宵节，杨海军和杨双奎就出发了。

由于山路难走，吉普车整整跑了一个半钟头。一下车，杨海军和杨双奎没顾上休息，就来到苹果园。一看，两个人都惊呆了。车寺村的苹果树基本上是自然生长，树形像一把扫帚。由于枝条稠密，不能通风透光，再加上果园里还间作玉米、谷子等农作物同苹果树争夺养分，怪不得产量低，果品质量差，卖不出好价钱。在岗底村，栽种的苹果树到第 3 年就开始开花结果，而车寺村的苹果树有的八九年了还不开花结果。

农艺师杨双奎告诉他们："你们的苹果树要想高产稳产，当务之急就是要通过修剪，改善通风透光条件，调节养分和内源激素种类的运输与分配，促使成花，充分利用空间，实现立体结果。"

说完，杨双奎就在一棵树上做示范。车寺村的果农见岗底村来的技术员又是剪又是锯，把好好的枝条弄了一地，很心痛，在一旁议论纷纷。杨双奎虽然把道理讲得很明白，但他们还是不敢贸然行动。没办法，村委会只好选了 10 户果农进行试验。他们在杨双奎的指导下，把果树修剪了一遍。

麦收前，杨双奎带着技术员又来到车寺村，到那 10 户果园一看，发现一些苹果树上有了红蜘蛛，就对果农说："现在正是红蜘蛛繁殖季节，必须马上进行防治，晚了后果不堪设想。"在场的果农说："什么是红蜘蛛，俺们咋没发现？"

杨双奎摘下一片树叶，指着上面的小红点说："这就是红蜘蛛，以口器刺入果树叶片内吮吸汁液，使叶绿素受到破坏，叶片出现灰黄或斑点，严重时脱落，影响果树产量。红蜘蛛繁殖力很强，最快 5 天繁殖 1 代，麦收后随着气温升高，繁殖迅速，为害严重，目前正是防治的关键时期。"

一听说红蜘蛛这么厉害，大家忙问："用什么药防治？"

"马上喷施石硫合剂。"杨双奎说："石硫合剂是由生石灰、硫黄加水熬制而成的一种用于农业上的杀菌剂，能通过渗透和侵蚀病菌、害虫体壁来杀死病菌、害虫及虫卵，是一种既能杀菌又能杀虫、杀螨的矿物质制剂，可有效防治红蜘蛛等病虫害。"

这 10 户果农按照杨双奎说的，立即给果树喷施了石硫合剂，很快就把红蜘蛛治了下去。其他果园因为没有喷施石硫合剂，红蜘蛛泛滥成灾，苹果树落叶严重，影响了正常的生长。

到了收获的季节，10 个示范户的苹果个头儿大，着色匀，口感好，每公斤卖到 4 元钱还供不应求。示范户郝素芳算了一笔账：上年他的果园每亩产果 1000 公斤，每公斤卖 5 毛钱，1 亩收入 500 元。这年，他的苹果每亩产果 750 公斤，虽然比上年少了 250 公斤，但每公斤卖了 4 元钱，每亩收入 3000 元，比上年增加了 5 倍。

10 户示范户带动了车寺村的 400 户，400 户又带动周围村的上千户。如今，昔阳县皋落镇的数千户果农全部按照富岗苹果 128 道标准化生产工序操作，他们的苹果成了山西省的名牌。每当提起这桩事儿，车寺村的村民就会说，要不是岗底村的杨双牛，俺们村还是老样子。今天，俺们富了，是"舅舅沾了外甥的光"。

第 39 道工序：下部小主枝环割

在新梢长到 10—20 厘米时，对下部小主枝进行环割。直径 1 厘米左右的小主枝环割一圈，直径 2 厘米以上的小主枝环割两圈，环割位置均在枝条基部（贴近主干处），以促进花芽分化。

纸上谈兵　害人不轻

随着富岗苹果 128 道标准化生产工序的推广应用，内丘县岗底村的果农成了香饽饽。经常有外地的苹果种植大户请他们去修剪果树，管吃管喝管路费，每天工资 100 多，让附近不少村的农民眼红。

离岗底村 5 公里有个宋家庄，村里有个小青年叫宋有才（化名）。宋有才高中毕业后没考上大学，又不愿意在家"修理地球"，就外出打工。他在建筑队搬过砖，在工厂里做过饭，不是嫌工资低，就是嫌活儿累，三天打鱼，两天晒网，干不成正事。后来，听说岗底村的果农外出帮人修剪果树挣了不少钱，就动心了。

宋有才通过关系，在岗底村认了一个师傅，学习修剪苹果树技术，准备外出捞一把。苹果树修剪可不是简单地用剪刀剪枝，还包括环剥、环割、拉枝、扭梢、刻芽等技术。师傅教得很认真，但宋有才学得不用心，没有半个月，他就认为学得差不多了。临走时，师傅送给他一本《富岗苹果 128 道标准化生产工序》。

回到家里，宋有才翻开《富岗苹果 128 道标准化生产工序》一看，觉得很简单，不就是什么时间抹芽、什么时间环割、什么时间疏花、怎么套袋、怎么转果、怎么铺反光膜、什么虫用什么药、什么病用什么法嘛？！宋有才用了不到一星期时间，就把 128 道工序倒背如流。

2011 年 6 月，宋有才去河南灵宝帮助果农修剪果树。苹果园主人见他年轻，不敢相信。宋有才就把苹果树怎么拉枝、怎么环剥、怎么刻芽，讲得头头是道，主人就把他留了下来。

宋有才问果园的主人："你的苹果树栽种几年了？""4 年了。""在我们岗底村 3 年就开花结果了，你的苹果树必须马上对下部的小主枝进行环割，促进花芽分化，保证明年开花结果。"宋有才见主人有点儿不相信，就掏出《富岗苹果 128 道标准化生产工序》，指着第 31 道工序念道："下部小主枝采用环割、扭梢措施，促进花芽分化。"主人一听"富岗苹果"4 个字，眼睛马上亮了起来，说道："富岗苹果俺知道，1 个能卖 100 元，就按你说的整吧，要是明年能结苹果，我要好好犒劳你！"

苹果树环割就是用刀片将小主枝树皮割透一圈，暂时阻断筛管，不让养分向下输送，提高树上营养水平，从而促进花芽分化，培养良好结果枝组，提高坐果率。但环割时要特别注意，不能伤及小主枝的木质部，割口也不宜过大。

别看宋有才在理论上说得头头是道，但没有实践过。初生牛犊不怕虎，宋有才说干就干，找了一把锋利的水果刀开始环割。由于宋有才没有实践过，力度大小掌握不准，有的割得浅，有的割得深，有的伤到了木质部。

当天夜里刮了一场大风。第 2 天一早，宋有才来到果园准备接着环割，发现环割过的苹果树有不少小主枝被夜里的大风吹断了。他心里明白，是自己用力过大，伤到了木质部造成的，这下宋有才害怕了，没敢向果园主人打招呼就溜之大吉了。

宋有才学习苹果树管理技术纸上谈兵，不重实践，不仅害了果园主人，也丢了自己的饭碗，成了乡亲们的笑谈。

第 40 道工序：秋季拉枝

> 8 月底开始拉枝，拉枝角度 100—110 度。拉枝后可改善内膛光照，
> 促进花芽分化，减弱枝条生长势，且使枝条生长充实，有利于越冬。

"返老还童"

杨双奎是岗底村第 1 个被评为林果农艺师的农民。在集体果园被分包之前，他一直担任村里的林果技术员，是人们公认的大能人。

1994 年，岗底村的果园分给村民承包，杨双奎也承包了 3 亩多地的红富士苹果树。他承包的苹果树都是 20 世纪 80 年代初栽种的，到了 2000 年以后，就进入了衰老期。由于树龄老，苹果树开始出现病虫害多、果品质量差、产量下降等问题，收益逐年减少。按照当时的技术条件，只能刨掉老树，栽上小树。杨双奎算了一笔账，新栽的小树长到盛果期，需要 6 年时间。他承包的 145 棵老树，每年收益近 3 万元，6 年就是 18 万元。刨还是不刨，杨双奎心里很纠结。

2006 年 9 月，杨双奎和河北农大教授李保国前去日本考察红富士栽培管理技术。考察任务完成后，离回国还有一天半时间，李教授说："双奎，你这次到日本，以后还不知啥时候能来，咱们去东京玩一天吧！"杨双奎说："谢谢李老师的好意。东京无非楼高、车多，有啥看头，来一趟日

本不容易，我想到红富士苹果发源地——日本长野县果树研究所去看看。"
对于杨双奎的回答，李教授非常赞同。

参观完日本长野县果树研究所，他们又来到研究所的试验基地。一棵
百年老树吸引住杨双奎的目光：两人合抱不住的苹果树枝繁叶茂，硕果累
累。更奇特的是，苹果树上的枝条都朝下垂，远远望去，就像珠帘上缀满
红宝石。经陪同人员介绍，杨双奎明白了其中的奥秘。他想，百年老树都
能"焕发青春"，自己果园里的老树为什么就不能"返老还童"呢。

从日本回来后，杨双奎就在自己的果园里搞试验。他首先去掉离地面
近的老枝，提高了树干，来年春天培养新枝，秋季拉成垂枝。第 1 年春天，
不少人路过杨双奎的果园，见许多新生枝朝上长，就笑话说："双奎还是
农艺师哩，把苹果树都弄成啥样子了。"

第 2 年春暖花开的时候，人们发现杨双奎家苹果树上的直立枝不见了，
都变成了下垂枝，人们开始惊奇了。

第 3 年到了苹果收获的季节，人们看到下垂枝上挂满了丰收的果实，
不得不佩服杨双奎了。就连曾笑话过他的人也由衷地说："还是双奎的能
耐大。"

杨双奎这项老树改造技术试验成功，能给果农带来多大收益呢？岗底
村有 600 亩老果树，通过这项实用技术的改造，村民增加收益达 600 多万元。
有一位参观者看了这项"返老还童"技术，感慨万千地说："科学管理似
黄金。如果在全县、全省乃至全国推广这项技术，那得到的回报将是一
个天文数字。"

第 41 道工序：追施农家肥

9 月中下旬，每棵苹果树追施农家肥 5—10 公斤。

吃亏是福

内丘县岗底村果农王书林老汉属猴，本该精明伶俐，可他偏偏生就一副牛脾气，凡是认准的理儿，他碰到南墙也不回头。

王书林在村后山上有 3 亩果园，正是盛果期。有一年，河北农大教授李保国来岗底村举办果农培训班，王书林前去听课。李教授讲道，苹果树要多施农家肥和有机肥，少施化肥，不仅增加苹果含糖量，还能使苹果着色鲜艳。王书林觉得很有道理。他想，过去种西瓜时，施的都是鸡粪、芝麻酱，西瓜又沙又甜。后来，人们追施碳铵、尿素等化肥，西瓜个头儿虽然大了，但不沙不甜了。于是，王书林决定给苹果园追施农家肥，再也不用化肥了。

王书林每天早早就起床，在村里掏茅稀往山上果园里担，有时担了三四趟，太阳才出来。有一次，王树林挑起担子刚想迈步，突然感到头晕胸闷，一下子蹲在地上，浑身冒虚汗。邻居发现后把他扶到屋里，躺了半天才缓过劲儿来。1 年以后再次发作，经医院检查后才知道是心脏供血不足。医生嘱咐他，以后不能再卖傻力气了。于是，王书林就到外村买羊粪、鸡粪，给苹果园追施。

当时，村里的果农都知道，苹果树追施化肥省工省力见效快，苹果个头儿大，半斤四两的多。追施农家肥见效慢，苹果个头儿小，虽然含糖量高，效益并不高。因为那些年公司收购苹果，大果大价钱，小果小价钱，王书林着实吃了亏。村里有人说风凉话，说王书林的苹果好吃不贵。王书林听了之后一笑了之，该施有机肥还是施有机肥。

1998 年，村里召开果农大会，富岗公司宣布除了公司收购外，果农自己也可以出售。这天下午 2 点，邢台钢铁公司 4 个人来到王书林的果园，尝了几个苹果后，感到酸甜可口，细脆无渣，质量不错，就放下 20 个箱子让王书林装满。一位管事的对王书林说："车上还有 30 个箱子，我们到其他果园转一转，再买 30 箱，回来时一块儿拉走。"

到了下午四点半钟，邢台钢铁公司的那几个人又回来了，对王书林说："我们转遍了村里的所有果园，都没有你的苹果好吃，再给我们装 30 箱。"那一年，其他果农最好的苹果卖 2 元钱 1 公斤，王书林的苹果不管个儿大个儿小，全部卖到了 3 元钱 1 公斤，每亩比别人都多收入 2000 元。有人眼气了，也有人后悔了。

到了 2000 年，岗底村推广绿色食品生产，禁止果农在苹果树管理中使用含氯离子的化肥，提倡全部使用有机肥和富岗苹果专用肥，王书林成了大家学习的榜样。

现在，王书林老汉严格按照富岗苹果 128 道标准化生产工序管理苹果园，他的苹果从口感到色泽，在村里都首屈一指。每年到了采摘苹果的季节，他果园里的人最多，卖的价钱也最好。有些客户已连续 8 年到王书林果园购买苹果。

第42道工序：采摘后施肥

10月底到11月上旬，每棵树施有机肥25公斤。施肥方法主要在树干外围采用沟施或撒施，以提高树体的营养贮藏水平。

苹果"将军"

不想当将军的士兵不是好士兵。一句老掉牙的名言，圆了王立敏的"将军"梦。

小时候的王立敏爱看战斗故事片，什么《地道战》《地雷战》《南征北战》等，他百看不厌。儿时的王立敏，就立志长大后参军，当一名指挥千军万马的元帅或将军。

7岁那年，王立敏的父亲去世，他和母亲相依为命。家庭的变故，使王立敏过早成熟，并养成了不屈不挠的性格。他一直没有放弃参军当兵的梦想。2003年，正在上中专的王立敏，如愿当上了一名中国人民解放军战士。

在部队，王立敏认真学习，刻苦训练，成了排里和连里的排头兵，2年受过3次通令嘉奖。2005年底，王立敏退伍回到了老家内丘县岗底村。

这一年，正是岗底村的苹果在市场上叫得最响的时候，特级苹果1个卖到100元。果农种苹果，每亩收入1万多元，不少农户都买了小汽车，住上了新楼房。王立敏家里也有 130 棵苹果树，由于家庭条件差，舍不得投入，2 亩多苹果树比别人家少收入很多。王立敏决心在苹果树上做做文章，力争 3 年超过其他果农。

一天，王立敏去灌溉果园，只用了一晌工夫就浇完了。而邻家差不多大小的果园，整整浇了一天。王立敏问邻家为啥浇得这么慢，邻家告诉他说："你家果园没施过农家肥和有机肥，平时就施一点儿化肥，土壤板结不渗水，水过地皮湿。俺们的果园施的都是农家肥和有机肥，地暄腾、渗水多，所以浇得慢。"

接着，邻家又告诉王立敏说："你家果树长势不好产量低，主要是追施农家肥和有机肥太少了，营养跟不上，无肥不长树，树壮才能多结果。"

"这是为什么？"王立敏好像没有听明白。

邻家说："果树是多年生木本作物，产量是多年营养累积的结果，要从上一年乃至前几年开始打基础，才能积累下更多的营养物质，保证当年的果树健壮、果实累累。如果施肥不到位或不注意连年投资营养积累，别说产不下好果子，树势很快就会垮下去。树势一旦垮了，3 年都缓不过劲儿。所谓'人荒地一年，地误人三年'，说的就是这个道理。"

王立敏又问："什么季节施肥效果最好？"

邻家说："咱老百姓有句俗话说得好，秋施金，冬施银，春施基肥白费神。"

邻家怕王立敏听不明白，接着解释说："秋季是苹果树根系的第 2 次或第 3 次生长高峰期，在落叶前施肥，根系再生能力强，能更多地吸收土壤中的养分和水分，以利越冬。此时地温适宜，土壤湿度大，微生物活动旺盛，肥料腐熟分解快，矿化度高，易被根系吸收；肥料中的速效部分被根系吸收利用后，能大大增强叶功能，明显改善树体的贮藏养分，为明年开花、展叶、坐果打好基础，从而提高苹果的产量和质量。"

王立敏家里条件差，没钱去买农家肥和有机肥。于是，他借钱买了一辆三轮车，给别人拉砖拉石头，赚了钱就去买羊粪和有机肥往苹果园里施。2年后，他家果园里的苹果树长势明显好转，树壮了，产量高了，质量好了，收入也就多了。

为了尽快掌握苹果树的管理技术，王立敏把富岗苹果128道标准化生产工序背得滚瓜烂熟，刻芽、扭梢、环割、疏花、疏果、套袋、转果等，严格按照工序操作。2009年，他上了果树管理中专班，2012年又考上了大专班。

经过几年努力，王立敏在苹果树管理上，由门外汉变成了土专家，他家的2亩苹果园，每年收入5万元。他每年向富岗公司交售一级果4500多公斤，公司每年奖励他有机肥5吨多、反光膜9卷，他成了岗底村的"苹果状元"。

2013年春天，富岗公司生产技术服务部招聘2名苹果管理技术员，有9名果农应试。王立敏以优异成绩被录取，成了生产技术服务部的一员大将。王立敏虽然没有成为指挥千军万马的元帅，却当上了管理岗底村18万棵苹果树的"将军"，终于圆了儿时的梦。

第43道工序：灌封冻水

土壤冻结前为果园灌 1 次水，灌水量以达到田间持水量的 60%—80% 为宜，防止枝条因缺水而引起的抽条，使树体安全越冬。

灌好越冬水　果树长得美

自从岗底村靠种植苹果树发家致富后，侯庄乡党委、乡政府就在全乡大力发展苹果种植，并让岗底村的技术员做技术指导。

话说界子口村有一村民叫侯老三，2006 年响应乡政府号召种了 2 亩苹果树。侯老三种过核桃、种过板栗、种过柿子，就是没有种过苹果树。岗底村的技术员告诉他说，苹果树每年冬季要灌 1 次封冻水，也叫"越冬水"。侯老三心想，过去都是给小麦浇封冻水，从来没给柿子树、板栗树、核桃树浇过什么越冬水，难道苹果树就不是果树吗？他把技术员的话当成了耳旁风。

按照富岗苹果 128 道标准化生产工序管理苹果树，3 年就能开花结果，5 年达到丰产。可侯老三的苹果树到了 5 年头上才开始结果，而且枝条短、叶片小。侯老三心里犯了嘀咕：苹果树真的要每年浇封冻水吗？

一天，岗底村的技术员又来界子口村指导苹果管理。侯老三把技术员请到自己的苹果园，虚心请教。

侯老三问："苹果树为什么要浇封冻水？"

技术员说："苹果树进入冬季休眠期后，营养成分开始由树体向根部回流。在这种情况下，灌封冻水不但可保证果树安全越冬，还可为来年生产打下良好基础。因为浇好封冻水，可使土壤储备足够的水分，提高土壤温度，满足果树轻微蒸腾作用，而且利于秋施基肥进一步腐烂分解，防止越冬旱冻危害，利于果树翌年开花结果；同时浇好封冻水，可闷死土中部分虫卵、幼虫和蛹，起到减轻果树翌年病虫危害的作用。"

侯老三又问："柿子树、板栗树为什么不浇封冻水？"

"柿子树、板栗树也要浇封冻水。"技术员解释说："过去咱们这一带都把柿子树、板栗树、核桃树散种在山坡上，再加上水利条件限制，别说浇封冻水，平时也很少浇灌。"

"噢，原来是这么回事，我还以为果树不用浇封冻水呢！"

技术员说："如果你按照富岗苹果 128 道标准化生产工序管理苹果树，每年灌 1 次封冻水，这些苹果树头两年就该结果了。"

侯老三后悔地说："都怨我自作聪明没听你的话，让苹果树晚结了 2 年果，教训哪！"

临走时，技术员说："你的苹果已进入结果期，更需要浇好封冻水，否则，就会影响苹果的产量和质量。"

侯老三说："请你放心，我不仅每年要浇封冻水，还要严格按照你们的 128 道工序管好苹果树。"

后来，侯老三也成了界子口村管理苹果树的技术能手。

第 44 道工序：冬季修剪

剪除过密枝、重叠枝和直立枝，保证通风透光。

左春英打擂台

2008 年 11 月的一天，河北电视台第 3 演播厅，中国（河北）优质农产品挑战吉尼斯大赛，正在紧张进行。一位 30 多岁的农村妇女，正在回答评委的提问。

问：苹果树 1 年修剪几次？

答：1 年 4 次，分为春季修剪、夏季修剪、秋季修剪和休眠期修剪。休眠期修剪就是冬季修剪。

问：苹果树疏花、疏果的目的是什么？

答：为了调整果树的负载量，保证高产、稳产和果品质量。

……

坐在台上的这位选手，叫左春英，是岗底村一位普通的农家妇女。她过关斩将，最终获得了 2008 年中国（河北）优质农产品挑战吉尼斯大赛月度冠军。谁能想到，10 年前，左春英对苹果树的管理还是个门外汉。

1998 年冬，左春英承包了 120 棵苹果树。她见别人修剪苹果树，也跟着比猫画虎去修剪。按技术要求，冬剪主要是剪除过密枝、重叠枝和直立枝，保证通风透光。左春英不知道这些，逢枝动剪。到了第 2 年春天，左春英看到自己的 120 棵苹果树长得枝繁叶茂，心里甭提有多高兴了，光等着秋后摘果了。

时间一天天过去，转眼到了摘苹果的时候。左春英发现，自己家的苹果树枝条比别人家的树上多，但结果却比别人的少，苹果个头儿也比别人家的小。左春英百思不得其解。

这天，村里的果树技术员路过左春英的果园，她马上跑过去请教。技术员和左春英来到一棵长势旺盛的苹果树下，技术员问："你今年剪了几次枝？""就冬季修剪过 1 次。"左春英说。技术员一听就笑了，说："苹果树一年四季都要修剪，主要是为了集中营养，紧凑枝组，改善光照，提高坐果率。"技术员还告诉她："别看你的苹果枝条多，60% 都是无用枝。这好比一碗米饭，1 个人吃和 5 个人吃能一样吗？枝条多，不仅影响光照，还消耗大量营养，造成坐果率低，影响果品质量。"技术员的几句话，让左春英茅塞顿开。

打那儿以后，左春英潜心钻研果树管理技术，村里每次举办培训班，她都积极参加。学不会，接着再学；听不懂，就向老师请教。功夫不负有心人，经过不懈的努力，左春英终于掌握了苹果栽培和管理技术。

从石家庄夺冠回来，左春英并没有满足。她想，自己没有获得年度总冠军，说明自己知识不足，还有差距。2009 年，邢台农校开展"送教下乡"活动，把学校送到农民家门口，把试验搬到田间地头。农民农忙下地，农闲上课，足不出村就可读中专。邢台农校在岗底村开办了果树管理中专班，左春英看到了希望，第 1 个报了名。2010 年，她还参加了农民技能培训，并取得国家农业部和社会劳动保障部颁发的果树管理中级工证书，成了岗底村第 1 批"持证下田"的农民。2012 年，她还成了在家门口学校毕业的首批中专生。

盛果期管理

第 45 道工序：冬季修剪

11月至翌年2月底进行冬季修剪，主要调整过密的主枝，剪去细弱枝、病虫枝、遮光枝、徒长枝，甩放主枝上的中庸枝，培养小型结果枝组。

"大年"与"小年"

1994年的那个冬天，漫山遍野的苹果树在寒风中"颤抖"。村民杨海伟站在自家苹果园里，心里却是热乎乎的。他和哥哥杨海申与村里签订了合同，承包了9亩果园，一共有582棵苹果树。他想，只要自己辛勤劳动，就一定能有好收成，能过上好日子。

转眼到了第2年的春天，阳光融化了积雪，春风吹绿了小草，苹果花儿开了，一簇簇，一串串。蜜蜂在花间飞舞，小鸟在枝头歌唱。杨海伟兄弟二人在果园里辛勤劳作。春去秋来，红红的苹果挂满了枝头，压弯了树梢。这一年，杨海伟的苹果园喜获丰收，哥儿俩的腰包鼓了起来。

到了1996年，杨海伟还是浇了那么多次水，施了那么多的肥，树还是长得那么旺盛，可春天开的花却少了，秋季结的果更少了。9亩果园收获苹果5000多公斤，比上年少了2万公斤，交了承包费，还赔了化肥、浇水和工夫钱。杨海伟纳闷了：为啥苹果树去年收的多，今年收的少？村里的老人告诉他："咱村老辈儿就是这样，苹果树头一年挂果多了，第2年挂果就少了，第3年就又多了，这叫苹果的'大年'和'小年'。"杨海伟问了其他承包户，和他的情况差不多。

杨海伟把希望寄托在1997年，因为这年应该是苹果树的"大年"。可这一年，杨海伟的苹果树虽然开了很多花，但由于闹虫灾，几乎绝收。这下，杨海申沉不住气了，说什么也不种苹果树了，多少人劝也不管用，最后把9亩果园推给杨海伟一个人。杨海伟的媳妇不同意他承包果园。要强的杨海伟不信这个邪，决定继续承包那9亩果园，干出个名堂来。

这年冬天，河北农大来了一位教授，指导果农对苹果树进行冬季修剪。杨海伟从教授那里学到了不少苹果树栽培管理技术，明白了苹果树为什么要冬季修剪。原来，苹果树一遇"大年"，树体消耗养分太大，花芽分化晚，而且数量少，质量差，直接影响了第2年的产量，形成了"小年"。在专家的指导下，杨海伟将承包的9亩果园全部进行了修剪。1998年，杨海伟的苹果园喜获丰收。他用卖苹果的钱，购置了摩托车、小三马、洗衣机等。那年，媳妇还生了一个大胖丫头，杨海伟真是喜上加喜。

尝到科学管理果园的甜头，杨海伟越发学习钻研果树的栽培和管理技术。2009年，他报考邢台农校开办的果林专业中专班，2010年又参加了果树技能培训。208名考生中他拔得头筹，不仅拿到了国家农业部、人力资源和社会保障部颁发的果树管理中级工证书，还获得了村委会发的1000元奖金。经过3年苦读，2012年，他又获得了中专毕业证书。如今的杨海伟，成了岗底村的苹果种植大户。他靠种苹果发了家，致了富，买了小汽车，住上了别墅式二层小洋楼，让一家人过上了美满幸福的小康生活。

关公面前耍大刀

人勤春来早。2012 年春节还没过完，内丘县岗底村的果农们就纷纷来到自家果园，拉枝的拉枝，刻芽的刻芽，追肥的追肥，浇水的浇水，好一派繁忙的景象。

这天上午，果农杨振刚早早来到自家果园里。杨振刚去年栽种了 500 多棵苹果树，按照 128 道生产工序，今年该拉枝、刻芽了，明年就能开花结果。这时，一辆皮卡车停到杨振刚果园旁，从车上下来两个人，自我介绍说，他们是邢台某公司的，专门从外地请来一名果树专家，给大家讲讲如何管理苹果树。杨振刚一听是果树专家，肃然起敬，马上热情地说："你们稍等片刻，我去通知附近果园里干活的乡亲们，让他们一块儿来听专家讲课。"

其实，这两个人一个是化肥经销商，一个是被请来的果树技术员。他们来到岗底的目的，是以搞技术培训为幌子，把果农召集到一起，然后推销他们经营的各种化肥。因为果农不大相信经销商，最听果树专家和技术人员的话。所以他们用这个办法，在不少村收到了意想不到的效果。这次来岗底村的也不是什么果树专家，只是一名普通的果树技术员而已。

时间不长，杨振刚就找来了 20 多名果农，大家围成一圈，聆听果树专家讲课。

"乡亲们，果树是支花，全凭肥当家；果园不上粪，等于瞎胡混。果园施肥好坏与多少，直接关系到苹果的产量和质量。首先，我问大家一个问题，苹果树对氮、磷、钾吸收的比例是多少？"

"1∶0.5∶1。"一位果农准确地回答。

专家本想难一难果农，好显示自己有水平，没想到果农一口就答了出来。他又问："苹果树缺锌有啥症状？"

另一位果农回答说："新生枝条上部的叶片狭小，枝条纤细，节间缩短，形成簇生小叶，而后叶片从新梢基部逐渐向上脱落，只剩下顶端几簇小叶，形成光杆现象。"

"如果缺铜呢？"专家又问。

"苹果树新叶失绿，出现坏死斑点，叶尖发白，枝条弯曲，枝顶生长停止枯萎。"

此时此刻，那位果树专家惊愕了。他哪里知道，岗底村187户村民，家家都有苹果园，户户都有果树工，还有100多名即将毕业的果树专业函授大专生。再加上富岗苹果128道标准化生产工序的推广实施，果农人人都是技术员、土专家。所谓的果树专家见唬不住岗底村的果农，心里有点儿发毛，他不敢推销化肥了，只好话头一转，说道："看来乡亲们对果树施肥比较精通，不再多说。下面，给大家讲讲苹果树优良树形修剪技术。"接着，他先后介绍了苹果树小冠疏层形、自由纺锤形、改良纺锤形、垂帘形的修剪技术要点。

当讲到细型主干形树形时，他对杨振刚说："我要通过修剪，把你的果园搞成标准示范园。"说着，拿出一把锯子，把苹果树的所有枝条全部锯掉。他解释说："这些树上的枝条大的大，小的小，长的长，短的短，不好看，不美观，把它们锯掉后，明年生长的新枝条都成了同龄枝，4年后开花结果，既有经济价值，又有观赏价值。"接着，又锯了2棵。

杨振刚再也沉不住气了，马上前去制止。说："你讲的细型主干形树形俺知道，它起始于西欧，目前法国、英国培养使用的挺立式主干形，日本使用的简化细型主干形，都是该树形的成功范例。按照你的修剪方法，新栽果树8年后才能结果。如果按照富岗苹果128道标准化生产工序修剪，3年就能见果，4年丰产。俺们果农种苹果树是为了产量不是为了观赏，是卖票子，不是卖门票，你的这种修剪方法在岗底行不通！"

杨振刚的一番话，说得那位果树专家面红耳赤、哑口无言，两个人只好灰溜溜地走了。

第46道工序：采集枝条

在果树休眠期，采集长80厘米以上、生长期1年的枝条，贮藏在地窖或山洞内保护，温度要求在0—3摄氏度内，湿度在90%以上。来年可用于环剥口尚未愈合及腐烂病病斑影响养分运输的主枝桥接。

一根枝条难倒苹果专家

岗底村的果农有个习惯，在苹果树落叶后和发芽前，采集部分充实一年生枝条存放到地窖里。也许有人要问，他们储藏这些枝条有啥用？说来话长……

1997年5月，李保国教授在岗底村推广苹果树主干环剥技术。果树环剥是暂时切断果树韧皮部，阻止有机营养（光合产物）向下运输，提高剥口以上枝条的营养水平，提高碳氮比，促进花芽分化的一种有效方法。环剥时不能用力过重，要求只切断韧皮部，不伤及形成层和木质部。环剥口的宽度一般掌握在枝直径的1/8—1/10。

虽然李保国教授把主干环剥的方法和要求讲得很清楚，并亲自做了示范。但在实际操作过程中，仍出现了不少问题。有一户果农刚开始环剥时，由于用力较大，伤及形成层和木质部，环剥口也超过规定的1倍。李保国教授发现后立即上前制止，告诉果农说："你这样环剥，环剥口很难愈合，会严重影响地下的养分向树冠输送，不仅造成减产，时间长了还会造成树干腐朽，最后导致整棵树枯死。"那位果农一听吓坏了，忙问："那可咋办？"李保国教授说："马上采取补救措施，用塑料布缠住，促使环剥口愈合。"

虽然采取了补救措施，仍有 2 棵树的环剥口没有愈合。看着树势一天比一天衰弱，那位果农心里十分着急，又去请教李保国教授。李教授说："唯一的办法就是桥接，要不只能等死。"

桥接是挽救苹果树因腐烂病危害，避免死枝毁树最有效的一项技术措施。但桥接必须有备用的枝条，也叫"接穗"。李保国教授问遍了岗底村所有果农，谁家也没有备用的枝条。这真是一文钱难倒英雄好汉，一根条子难倒了苹果专家李保国教授。因为没找到桥接的枝条，那两棵苹果树最后枯死了。

这件事，在岗底村果农中引起了很大震动。在一次果农大会上，李保国教授要求果农每年都要采集部分一年生枝条，以备桥接之用。

有果农问："什么时间采集最好？"

李保国教授说："应该在果树冬剪时进行，将发育粗壮、成熟度好且没有病虫害的一年生枝条不剪，待到果树萌芽前及时采集，用这样的枝条桥接成活率最高。"

有果农又问："这是为什么？"

李保国教授解释说："这个时间树液虽然已流动，但花芽、叶芽还未萌动，枝条本身营养没有发生根本性变化。如果晚了，芽子已经萌动，枝条自身贮存的营养开始消耗，势必影响桥接的成活率。"

"采集的枝条怎么保存？"

"必须放到地窖里，用湿沙全部埋住，防止风干。地窖里的温度一般掌握在 4—5 摄氏度，温度低了会冻死枝条，温度高了枝条就会发芽，失去营养，桥接时和主干长不到一起。"说到这里，李保国教授问大家："还有什么不清楚的吗？""没有了，谢谢李教授！"会议室里响起了一阵热烈的掌声。

从那儿以后，岗底村的果农就有了每年采集部分一年生枝条的习惯，一直延续到现在。

你还别说，这些枝条还真的起了大作用。九寨会村有 5 户果农因果园腐烂病严重，必须进行桥接。他们找了附近好几个村都没找到用于桥接的枝条，后来岗底村为他们解了燃眉之急。果农安建刚给苹果树环剥时没处理好环剥口，导致环剥口一直不愈合，需要桥接。杨双奎知道后，送去了桥接的条子，安建刚十分感动。从此，他也养成了每年采集备用枝条的习惯。

第 47 道工序：抹芽

苹果树在萌芽后应及时进行抹芽。主要抹除树干上距离地面 50 厘米以下的萌芽、剪锯口附近的萌芽、过密芽以及背上直立旺长的芽子，节约营养，改善光照，合理控制树体生长。

"公鸡下蛋"了

公鸡能下蛋？真是天方夜谭。这里所说的公鸡下蛋，不是公鸡真的下了蛋，而是一个形象的比喻。

山西省昔阳县有个赵家庄，20 世纪 90 年代初种了 700 多亩苹果树。由于村民不懂得管理，苹果树虽然长得很旺盛，可就是不结果。有些村民就说："咱们的苹果树都是属公鸡的，永远也下不了蛋。"

后来，昔阳县科委的一位干部到赵家庄检查工作，村民向他反映苹果树不开花、不结果的问题。那位干部说："苹果树冬季要剪枝，不剪枝怎么能开花结果？"按照那位干部教的法子，每到冬季，村民们就把一年生的枝条全部剪掉。到了春季，每个枝条的剪口又冒出四五个新芽，经过夏天和秋天，新芽又长成了 1 米多的条子。到了冬季，村民们又把这些 1 米多长的枝条剪掉，就这样年复一年，剪了长，长了剪，越剪枝条长得越旺。苹果树年年不开花，不结果，光收柴火（剪下的枝条）。按一般情况，八年生的苹果树，每亩苹果产量不下 2500 公斤，可赵家庄每亩苹果树产量不到 500 公斤。有些村民索性把苹果树刨掉，改种玉米和谷子。

2004 年初，中央新闻媒体播发了一条消息：河北省岗底村苹果亩产 3000 公斤，果农人均收入超万元。赵家庄的老支书一打听，岗底村就在山的东面，离他们村不足 20 公里，翻过鹤渡岭，一下山就到。于是，老支书亲自出马，从岗底村请来了两名技术员。

技术员来到赵家庄的果园里，只见树下到处都是剪下的枝条，剪口已冒出许多新枝芽。没修剪的树上长满枝条，内膛不透风、不见光。技术员对老支书说：“你把果农们召集到果园里，咱们开个会，讲讲果树的修剪。”

赵家庄的果农们听说从河北请来了果树专家，大喇叭一吆喝，齐刷刷都来到果园。

技术员问：“你们的苹果树为什么不结果？”果农们回答：“树上不开花。”技术员又问：“为什么不开花？”

果农们面面相觑，没人作声。这时，一个果农问道：“是不是苹果树也分公和母？”所有人哄堂大笑。

技术员说：“苹果树不分公和母，不开花、不结果，主要是修剪不对头。第 1 年剪去 1 根枝条，基部又长出 3—4 根，到了秋天又形成了枝条。到了冬天你们又全部剪掉，来年又重新萌发新枝条。由于枝条稠密，不通风，不透光，叶芽不能转化成花芽，所以都是空枝条。常言说，无肥不长树，无光不结果，就是这个道理。”“那我们该怎么办？”果农们焦急地问。“当务之急就是抹芽。”技术员指着一棵长满新芽的苹果树说：“去除无用芽，合理控制树体生长，让树冠内膛通风、透光。有了光照，叶芽才能转化成花芽，明年就能开花结果。同时，通过抹芽，还能集中营养，保证来年苹果稳产、高产。"

那一年，在岗底村技术员的指导、帮助下，赵家庄的数百亩苹果树全部进行了抹芽，透光的地方扭梢，有空间的地方缓放生长。对那些没有修剪的树，有空间的地方留枝条，通过刻芽、拉枝，缓放生长。

技术员临走时，把《富岗苹果128道标准化生产工序》交给了老支书，告诉他，以后管理苹果就按上面说的办法做，保证苹果年年都丰产。

第2年春天，赵家庄老支书给岗底村的两名技术员打电话说，苹果树开花了，第3年又打电话说，苹果亩产超过了1500公斤。到了第5年，赵庄村的苹果亩产达到了2500公斤。果农们高兴地说："'公鸡'真的能下蛋了。"

第48道工序：花前复剪

花前去除过多的花芽、细弱的无花枝、过密的无花枝，集中营养，提高坐果率。

花前动动剪　秋后保增产

花前复剪，也叫"春季修剪"。现在这种修剪技术早已被果农广泛应用。而在13年前，岗底村为推广这一修剪技术，花费了不少力气。

早年，岗底村的果农只在冬季修剪1次果树，往后除了浇浇水，施施肥，打打药，就光等着摘苹果了。后来，在技术人员的指导下，他们又学会了疏花、疏果、套袋技术。

2000年春天，河北农大教授李保国来到岗底村，推广苹果花前复剪技术。李保国教授对果农们说，花前复剪，主要是剪掉细弱串花枝、背上直立短果枝。串花枝都是花芽，营养不足，果品质量差。而背上直立短果枝，坐果后容易发生日灼，果形不正，好掉果，影响产量。花前复剪后，可在花期集中营养，促进壮花开放，提高果品质量和产量。花前复剪还有一个好处，就是减少疏花、疏果的工作量，节省劳动力。

李保国教授虽然讲得很清楚，很透彻，但多数果农却抱着耳听为虚、眼见为实的态度，谁也不肯到果园里修剪。他们认为，冬天刚修剪过，再修剪是六个指头挠痒痒——多一道子。村委会决定做一个对比试验，让果农们眼见为实，心服口服。

村委会选择了两个果农：一个年龄比较大，在苹果管理上很有一套，但思想保守，接受新事物较慢，咱们暂且叫他老杨；另一个是年轻人，是村里的技术员，在苹果管理上经常搞个科学小试验，果农们都信任他，咱就叫他小杨吧。他俩的果园离得不远，面积等都差不多。小杨在李保国教授的指导下，把果园里的苹果树花前全部复剪。到了疏花的时候，小杨的果园里由于花前复剪过，无用花明显减少，只用了 1 天时间就完成了疏花任务。老杨没有复剪，苹果树上的花特别多，疏了 5 天才疏完。到了疏果的时候，小杨又比老杨提前 3 天完成任务。

这时候，老杨心里不服劲儿，要等到秋后见结果。这一年，老杨和小杨套袋的个数差不多，但秋后收苹果时老杨心服口服。小杨的苹果个头儿大，果形周正，特等果和一级果比老杨多 20%。别小看这 20%，1 亩果园就相差 3000 多元钱。

响鼓不用重槌敲。花前复剪技术一下子在岗底推广开来。后来，他们还推广了夏季修剪、秋季修剪，实现了四季修剪。

第 49 道工序：刮除轮纹病病斑

发芽前刮除苹果树枝干上的轮纹病病斑，至露出新皮为止，并涂石硫合剂原液，将病皮收集带出园外烧毁，同时刮刀要用草木灰液消毒。

丑小鸭变天鹅

丹麦著名作家安徒生的童话故事《丑小鸭》，闻名世界，经久不衰。如今，岗底村"丑小鸭变天鹅"的故事，成了村民们街头巷尾的美谈。

这个被人们称为"丑小鸭"的年轻人叫安建军，今年 31 岁。

安建军的父亲叫安食堂。由于从小受穷挨饿，安食堂长大后商品意识非常强。改革开放后，岗底村把集体的苹果树承包给村民，安食堂怕种苹果不保险，没有承包，就开始倒卖药材和山里的小杂粮，挣些辛苦钱。直到 2001 年，他才栽种了 50 棵苹果树。那时候，岗底村基本上家家都有苹果园，富岗苹果也名声远扬，成了市场上的抢手货，不少果农靠种苹果发了家，致了富。

由于受父亲安食堂观念的影响，安建军对种苹果也不感兴趣。1996 年，17 岁的安建军初中毕业后，先是在村里开了个小吃部，卖水饺、面条、焖饼和炸油条，没有挣到钱。2006 年，安建军又买了辆三轮车，专门给修房盖屋的村民拉砖，也没挣到钱。

这时候，岗底村的苹果每亩收入已达到 2 万余元，安建军决定不再瞎折腾了。他承包了村里的一片荒山，投资 2 万多元进行治理，种上了 600 棵苹果树。过去，安建军没有种过苹果树，在果树管理方面是门外汉，对富岗苹果 128 道标准化生产工序更是一窍不通。结果，闹出了不少笑话。

有一年，安建军发现自家果园里的苹果树树干上长了不少小疙瘩，听别人说这叫轮纹病，如果防治不及时，苹果不仅个头儿小，还会一圈一圈地烂，必须用刮刀把小疙瘩刮掉，才能治住。安建军也没问清怎么刮，刮了后怎么办，借了一把刮刀就来到苹果园。他刮了一刀，一看还有小黑点，就又刮了一刀，一直刮到没黑点为止。

当安建军刮到第 5 棵苹果树时，本村果农杨小八看见了，马上制止说："别刮了，再刮把树都刮死了。"原来防治苹果轮纹病的办法是将树皮轻轻刮一层，再喷上专用药剂就行了。而安建军刮皮刮到木质部，没有了树皮，地下营养和水分不能向上输送，整棵树就会慢慢枯死。在杨小八的指导下，安建军找来塑料布，把刮过的地方裹住，防止被风吹干。由于及时采取了补救措施，刮过的 5 棵苹果树没有枯死，但树势的生长却受到了一定影响。

安建军刮树皮的事儿在果农大会一说，成了人们的笑谈。安建军知耻而后勇，从此潜心学习、钻研苹果管理技术。2009 年，他报考了邢台农校果树栽培管理班，取得了中专学历。2012 年，他又考上了果树栽培大专班。经过安建军几年的刻苦努力，他在果树管理上达到了一定水平。2013 年 3 月，他被富岗公司生产服务部聘为专职技术员，主抓富岗苹果 128 道标准化生产工序的具体实施工作。安建军这个"丑小鸭"，终于变成了深受果农喜爱的"天鹅"。

弄巧成拙

杨海兴兄弟 4 人，他是老大。

1982 年，21 岁的杨海兴高中毕业后，回到了老家内丘县岗底村。那时候的岗底村还很穷，虽然三中全会后村里把荒山分到了各家各户，但没人治理，面貌依旧。杨海兴兄弟 4 人，家里只有 5 间旧石头房。他在村里混了两年，感到没有什么奔头，就决定到外边闯荡世界。

1984 年春天，杨海兴在一个建筑工地当小工，因为嫌挣钱少，没干到年底就不干了。他听说挖煤窑挣钱多，就托亲戚来到邯郸市武安煤矿下井挖煤。头一个月他上了 31 天的班，挣了 130 元，别提心里多高兴了。后来二弟杨海申也到另外一家煤矿上班。兄弟二人省吃俭用，没几年就盖起了 5 间新房。

杨海兴在煤矿一干就是 16 年。这期间，岗底村也发生了翻天覆地的变化。新上任的党支部书记杨双牛，带领全村群众依靠集体的力量，治山治水造梯田，把"三沟两峪一面坡"变成了花果山，村里人都靠种苹果发了财。

2000 年，村委会研究决定把河滩上的百亩果园分包给村民。杨海兴听说后，专门从矿上回来找村委会要求承包一个果园。村主任杨群书说："你在矿上上班，挣的也不少，还跟他们争啥？"杨海兴说："我在矿上辛辛苦苦干一年，不如咱村半亩苹果园，你不让我包，我就住在你家不走了。"村主任杨群书没办法，只好答应他去抓阄儿试试，看看有没有这个运气。结果，杨海兴抓了个第 1 号，承包了 2 亩多苹果园。

这些年，杨海兴一直煤矿上班，对苹果树管理技术一窍不通。一天，杨海兴来到苹果园，发现有几棵苹果树的树干上和主枝上长满了小疙瘩，不知道是咋回事儿，就把村里的技术员请了来。

技术员仔细地看了看，告诉杨海兴说："这是苹果树轮纹病，也叫'瘤皮病''粗皮病'，是由子囊菌球壳孢菌引起的，必须及时把病皮、病瘤彻底刮除，运到果园外集中烧掉。刮治后，立即涂抹多菌灵保护处理。如果防治不及时，就会使苹果树长势衰弱，枝条枯死，严重影响苹果的产量和质量。"

技术员走后，杨海兴就按照技术员说的办法刮治树上的病皮和病瘤，然后用多菌灵进行保护处理。大约过了 1 个月，杨海兴发现那几棵有轮纹病的苹果树，有的主枝干枯，有的整棵死掉，脑袋一下子就大了。

技术员检查后说："你刮皮刮得太重了，把木质部上的形成层刮没了，刮口不能愈合，地下的水分和营养不能向上输送，苹果树就会枯死。"

杨海兴说："我见别人刮治腐烂病，把木质部都刮了一层，咋也没啥事？"

技术员说："刮治轮纹病与刮治腐烂病有很大不同，腐烂病是块状发生，所以要完全刮除病组织，而轮纹病的病瘤往往是遍布整个树干或主枝，如果刮治过重，破坏了木质部上的形成层，就会影响树体生长，甚至造成死树。"

杨海兴苦笑着说："我这是弄巧成拙，悲哀啊！"

从此后，杨海兴认真学习苹果树管理技术，积极参加果农培训会，严格按照富岗苹果 128 道标准化生产工序管理苹果园。2012 年，杨海兴的 2 亩苹果园套袋 4 万个，每亩收入达到 2 万余元。

第 50 道工序：刮除腐烂病病斑

　　春季 2 月至 3 月，对苹果树体主要部位（主干和主枝基部）上的腐烂病病斑进行全面刮皮，刮到露出新鲜组织为止，但不得触及形成层，皮层中有坏死斑点也一律清除，然后涂刷药剂。刮下的病皮带出园外烧毁，刮刀用草木灰液消毒。

杨双奎和他的"斧头"理论

　　"春眠不觉晓，处处闻啼鸟。"这天是个星期天，本想睡个懒觉的杨双奎被窗外的小鸟吵醒。他睁开惺忪的眼睛，瞄了一下墙上的挂钟，七点半了。

　　杨双奎是富岗集团生产技术服务部的经理，也是岗底村第 1 个不吃"皇粮"的农艺师。他不仅管着岗底村"三沟两峪一面坡"上的苹果树，就连公司在内丘、临城、武安等地的苹果种植基地和育苗基地也归他管，整天忙得手脚不着地。家里的 4 亩苹果园，他无暇顾及，都是爱人和孩子们管理，所以他常常感到愧疚。前一晚睡觉前，他听到爱人唠叨说，果园里的苹果树该拉枝和抹芽了。想到这里，杨双奎一骨碌爬了起来。他和爱人简单吃了早饭，就拿上工具直奔自家果园。

　　阳春三月，在江南早已是春风杨柳万千条了，然而在太行山深处却是春寒料峭。来到果园，夫妻两人进行了分工，一个抹芽，一个拉枝。杨双奎来到一棵 4 米多高的苹果树下，抬头仔细观察，看哪些枝条该拉了。他突然发现 2 米多高的一个主枝上好像有腐烂病病斑，搬来梯子爬上去一看，果然有腐烂病病斑。病斑表面为红褐色，略隆起，成水渍状，组织松软，内部组织呈暗红褐色，有酒糟味。

苹果树腐烂病俗称"烂皮病"，主要发生在树干和大枝上，是一种毁灭性的病害。发病严重的果园，树体病疤累累，枝干残缺不全，常造成死树和毁园。按照书本上的有关技术资料，对溃疡型病斑用刀刮至木质部，然后涂药处理。

杨双奎有点儿纳闷了，前年也是在这个大枝上，他曾刮过一次腐烂病病斑，已经治好了，过了一年多怎么又复发了。杨双奎拿来刮刀，一刀一刀刮腐烂病病斑，越刮心情越郁闷，越刮心里越窝火。当把病斑刮完后，他发现白白的木质部上，有几条黑色线状物。难道腐烂病已无药可救，病毒已进入枝体？杨双奎此时想起关公刮骨疗毒的故事，忙喊爱人把斧头送过来。杨双奎接过斧头，"咔嚓"就是一斧头，一看还有黑线。接着就又一斧头。他爱人在树下喊："别砍了，再砍就把整个树枝砍下来了。"杨双奎没有罢手，一直砍到不见黑线为止。他想做个试验，看能不能把腐烂病治住。

打那儿以后，杨双奎十分关注这棵苹果树。后来，这棵树再也没发生过腐烂病。后来，杨双奎把这方法又教给了其他果农。凡是刮皮后，木质部出现黑色纹线时，就用刻刀剔除干净，对于根治腐烂病效果很好。

杨双奎用斧头砍出来的治疗苹果树腐烂病的办法，没有经过专家论证，他本人从理论上也讲不清楚。所以，乡亲们就把这道工序戏称为"斧头"理论。

第51道工序：涂草木灰原液

轮纹病病斑和腐烂病病斑刮除后，立即用草木灰原液涂抹，连续涂抹3次。

土方治大病

富岗苹果128道标准化生产工序中的第51道工序这样写道："用草灰原液涂抹溃疡型腐烂病病斑，连续涂抹3次。"说起这道生产工序，有一个曲折的故事。

那是1998年夏天，内丘县岗底村托么掌上的苹果树出现了腐烂病。腐烂病被果农称之为苹果树的癌症，只能控制，很难根治，虽然果农采取了好多办法，但怎么也控制不住，而且越来越严重。村委会就把防治腐烂病的任务交给了时任岗底村林果技术员的杨双奎。

杨双奎可是岗底村能人中的能人。每年到雨季时，农民就把山药秧翻到一边，把山药秧扎的须根扯断，防止消耗养分，影响产量。他从小就爱琢磨、肯钻研。有一年，上初中的杨双奎参加生产队翻山药秧劳动。干活时，他不把山药秧翻到一边，而是用手向上提一提再放到原地。队长一见就火了，说他是应付差事儿，不但不给他记工分，还要扣他的工分。他不服劲儿，跟队长辩解说："翻山药秧的目的是扯断须根，我用手提也达到了同样的目的。再说了，山药秧捣弄一次，好几天不精神，本身也受伤害，同样影响产量。"队长一听觉得有道理，但嘴上不认输，就说："你按你的方法，咱们到秋后见分晓，产量高了就奖你，低了照罚不误。"把杨双奎劳动的地块做了标记。秋后一对比，杨双奎的山药比其他的山药结得就是多。杨双奎上高中时，除了学习语文、数学外，就是学习工业基础知识和农业基础知识。他把学到的知识用于实践，对玉米进行人工授粉，取得了明显效果，受到了乡亲们的称赞。杨双奎高中一毕业，就当上了村里的林果技术员。

杨双奎接受了防治苹果树腐烂病的任务后，通过翻阅资料，请教专家，找到了不少方法，但经过试验，效果都不理想。一天，杨双奎见爱人用草木灰水洗头受到启发。当时，在农村除了用洗衣粉、肥皂洗头外，就是用草木灰水洗头。因为草木灰含碱和可溶性钾盐，不仅能去脑油，而且洗的头发又黑又亮又光滑。因此，许多农村妇女都用草木灰泡水洗头。杨双奎突然想到，苹果树腐烂病发病初期呈现红褐色，有酒糟味，一定是酸性。如果用含碱的草木灰水治腐烂病说不定能行，杨双奎决定试一试。

他来到自家果园，找到一棵腐烂病严重的苹果树，先用刮刀把腐烂病病斑刮至木质部，然后涂抹草木灰原液，连续涂抹3次。后来杨双奎每天到果园查看1次，看有什么变化。1个月后，苹果树上的腐烂病治好了。

第52道工序：花前追肥

3月下旬每株树施入复合肥1—2公斤，采用放射状沟施，以补充树体所需养分，促进开花。

老抠轶事

老抠（化名）是岗底村的一位果农。说他抠，那真是抠到家了。别人一分钱掰成两半花，他一分钱能掰成四半花。

那年，老抠的母亲去世了。正赶上6月份，管事儿的人怕尸体腐烂，就租了一个冷冻棺。第2天，帮忙的乡亲闻到灵堂里有一股怪味，难道是尸体坏了？不可能，放在冷冻棺里咋能坏？管事儿的人来了，一检查，发现冷冻棺的电源插销被拔掉了。管事儿的人心里明白，这准是老抠怕费电拔掉的。

有一年，河北农大一批学生来岗底村实习，正赶上果农们给苹果套袋。带队的老师和生产部商量，把实习的学生分派到各家各户帮助给苹果套袋。大学生在谁家干活谁管饭，不用掏工钱。果农们很高兴，都把生活安排得好好的，学生们干活也非常卖力气。可老抠和别人不一样，别说改善生活了，连个热菜也不给炒，还规定每天要套多少个袋。实习的两名学生从村里小卖铺买来了榨菜就饭吃，老抠还和人家抢着吃。实习的这两名学生想了个招儿，完不成任务就把剩下的纸袋埋土里。第2年春天，老抠耕果园时才发现这个秘密，可把老抠心疼死了。

老抠对别人抠，其实他对自己也很抠。他舍不得吃，舍不得穿，虽然在20世纪90年代初就是村里的万元户，但他连鸡蛋汤和豆腐脑都分不清。那一年，村里派老抠和另外两名果农去河北农大学习苹果管理技术，由村里记工分，还给生活补贴。老抠嫌学校食堂饭菜贵，就到学校门口外吃小地摊儿。回来后，老抠告诉同去的两位说："人家这里的鸡蛋汤真便宜，才5毛钱1碗，鸡蛋又多又稠。"两人不大相信，就跟着老抠到校门口外去看。两人一看，笑了，老抠说的鸡蛋汤原来是豆腐脑。

人抠能沾光，也能吃大亏。老抠是岗底村最早承包果树的果农之一。老抠有5亩苹果树，当时都在盛果期。苹果树花前追肥是春季管理中一项重要措施，老抠却舍不得花钱买肥料。他的理由是，苹果树没开花、没结果的时候追肥是浪费，好比咱们吃饭，早饭要少，午饭要饱，晚饭要好。由于老抠花前没有追肥，造成苹果树开花晚、叶片薄、枝条短、果实小，产量低，每亩比别人少收入几千元，吃了大亏。

老抠问技术员："花前追肥这么重要？"

"那当然了！"技术员解释说，果树体内原有的贮藏营养，主要供给春季树体萌动后几周内的生长，不能满足整个旺盛生长阶段的需要，还必须从土壤中吸收大量的营养物质，所以花前追肥非常重要。果树开花前追肥，既能使果树增加抽梢、开花时所需要的养分，又能促进花芽分化，并可为下一年培养健壮的结果枝打下良好的基础。

打那儿以后，老抠长了记性，在苹果管理上再也不敢抠门了，严格按照128道标准化生产工序生产，该施什么肥就施什么肥，该用什么药就用什么药。后来，老抠还真发了苹果财。他买了一栋两层别墅楼，一套三室两厅住宅楼，还有两间临街门店。

第 53 道工序：灌萌芽水

3 月下旬结合施肥进行树盘灌水，土壤含水量达到 60%—80% 为宜，有利于苹果树开花、枝条生长及坐果。

有钱难买后悔药

浇萌芽水，是富岗苹果 128 道标准化生产工序中的第 53 道工序。如果不浇或晚浇，那你就要吃大亏了。对此，岗底村果农杨增林教训深刻。

故事发生在 2004 年的春天。

那一年，杨增林买了一辆大车，到临城矿上拉矿石送到选矿厂，从中挣个运费，1 个月下来也能赚个一两千的。一天，村里的技术员对杨增林说："你别光顾着拉矿石了，果园该浇萌芽水了。""知道，知道，过两天就浇。"说完，一踩油门走了。

那几天，拉矿石的活儿正多，杨增林想抓住机会多挣些钱，把给苹果园浇萌芽水的事给忘了。苹果树浇萌芽水的最佳时间是 3 月下旬到 4 月上旬。等杨增林忙完这一阵子已经到了 4 月中旬，才急急忙忙给苹果园浇了 1 次水。

浇萌芽水是果树全年生长十分关键的一次，对于果树萌芽、展叶、抽梢、开花、坐果以及幼果期的膨大都有很好的作用。同时，浇萌芽水可以减缓地温和果园内气温的回升速度，推迟果树花期3—5天，使果树避开晚霜的袭击；晚霜来临时，由于浇水后的果园土壤湿度大，热容量大，可以减缓绝对低温的下降速度，使果园内气温提高1—3摄氏度，从而减轻晚霜危害。

杨增林的苹果树冬天没浇封冻水，春天浇水又晚，由于地温高，苹果花比别人果园开得都早。偏偏老天爷不给力，下了一场小雪，气温剧降，苹果花冻了一部分，严重影响了坐果率，杨增林十分懊悔。

在以后的日子里，杨增林发现别人的苹果树展叶快，叶片大而厚，叶色浓绿鲜亮，坐果率高，幼果发育快，生机勃勃。而自己的苹果树叶片小而薄，叶色暗，幼果发育慢。村里的技术员告诉他，这都是没有及时浇萌芽水的原因。

那一年，杨增林的2亩苹果园减产40%，他后悔地说："为了多挣几毛钱，耽误苹果树一年，真不够本儿！"从那儿以后，杨增林再也不敢不按富岗苹果128道标准化生产工序管理苹果树了。

现在的杨增林有900多棵苹果树，建起了全村第1个家庭农场，光苹果一项每年收入30多万元。

第 54 道工序：合理使用果树促控剂

5 月末至 6 月末树上喷 1 次促控剂 150—200 倍液。严格按照使用说明书喷施，不要随意加大药量，以控制新梢旺长。

果园找"真凶"

2016 年 10 月的一天，内丘县林业局副局长杨新海找到杨双奎，说："乔家庄有位姓张的果农苹果树管得不赖，咱们过去看看吧！"杨双奎说："好！你打电话联系一下，咱们马上过去。"

别看杨双奎是农艺师、富岗集团主管果树生产的副总经理，但只要一听说有地方苹果树管理得好，他都要去学习学习。他常说："三人行，必有我师，苹果管理学无止境。"

二人来到老张的苹果园一看，苹果树果然长势很好，苹果结得多，个头儿也很大，可老张的脸上却没有一点儿高兴的样子。杨新海局长开玩笑说："咋啦，老张，怕中午管我们饭，愁眉苦脸的？"

"唉！别提了，我正想找移动公司打官司，让他们赔偿苹果园的损失。"接着，老张讲起来事情的经过。

这些年来，老张在苹果管理上没少下功夫，2 亩苹果园每年收入 3 万多。去年，移动公司在老张的果园附近建了一座信号塔，也不知咋的，今年的苹果就出了问题。摘袋后，苹果个头儿虽然不小，但底色发绿，果柄短，吃一口果肉发硬，这样的苹果咋能卖上好价钱。老张心里想，一定是信号塔影响了苹果园，决定找移动公司讨个说法。

杨双奎说："信号塔辐射很小，不可能影响到苹果树生长，俺们岗底村也有信号塔，从来没出现过这种情况，一定有其他原因。"说完，在苹果园转了一圈儿，仔细观察每一棵苹果树。杨双奎发现，苹果树上基本没有新梢儿，心里明白了。问老张："你是不是给苹果树喷施过果树促控剂？"

"喷过，"老张说，"去年8月喷过1次PBO果树促控剂。"

七八月份苹果树新梢进入第2次旺长期，果实发育进入膨大期，搞好树势调控对促进幼果良好发育起到关键作用。如不加以调控，将影响花芽分化，造成养分流失，树形紊乱，降低果品质量。而PBO是一种由生长抑制剂、细胞分裂素、生长素衍生物、增色剂、延缓剂、早熟剂、抗旱保水剂、防冻剂、防裂剂、光洁剂、杀菌剂等十几种营养素组成的综合果树促控剂。药是好药，如果用量不对，就会适得其反。有一年，岗底村有个果农喷施多效唑控制果树旺长，由于用量过大，果树好几年缓不过劲儿来。

想到这里，杨双奎说："1包PBO 200克，你兑了多少水？"

老张说："兑了15公斤水。"

杨双奎说："使用说明书规定兑水200—250倍，也就是说1包PBO应兑水40—50公斤，你为啥不按说明书使用？"

老张不好意思地说："我怕兑水多药劲小，控制不住旺长，就少兑了一些水。"

杨双奎说："你不用找移动公司打官司了，祸害果园的真凶就是你用的药量太大了。"

一旁的杨新海局长说："苹果树管理中不管是浇水施肥还是打药，都要讲究科学，严格按照规定来，不能自己瞎琢磨。"

"是，是，是，我一定记住这个教训！"老张笑着说，"走，今天中午我请客！"

第55道工序：用太阳能杀虫灯杀虫

4月初在果园中每隔40—60米安放1个太阳能杀虫灯。

变换杀虫灯

岗底村有个老汉性格耿直，他想通的事儿咋办都行，他要是想不通，十头壮牛都拉不回，人送绰号"犟筋头"。

1997年，岗底村为防治害虫，从外地购来一批黑光诱虫灯，准备安装到果园里。说到黑光诱虫灯，山里人听说过没见过。对于它的功能，更是蛤蟆跳井——扑通（不懂）。安装这天，不少人来围观，"犟筋头"也来看稀罕。头一个黑光诱虫灯安装好后，"犟筋头"笑着对众人说："就这么一根玻璃棍儿，能把虫杀死？"说完，摇着头走了。

按照黑光诱虫灯的布局，正好有一盏要安装在"犟筋头"的地头上。他坚决不同意，并说："这不是治虫，是招虫。"技术人员没办法，只好苦口婆心做工作，从黑光诱虫灯的发光原理讲到诱虫原因、杀虫作用等。

黑光灯能发射一种人的眼睛看不到的紫外线，但趋光昆虫却能看得见。昆虫的趋光性使得夜间野外的黑光灯具有强烈的诱虫作用。黑光灯下面有一个桶，桶内有化学农药药液，害虫飞来后碰到黑光灯上，很快落到桶内，被药杀死。一盏 20 瓦的黑光灯可管理 60 亩苹果园，一夜可诱杀害虫 0.5—1 公斤。利用黑光灯诱杀害虫，不仅杀虫效率高，而且使用方便，没有污染，还可节省大量农药。黑光灯杀虫的道理弄明白了，但实际效果咋样？"犟筋头"心里没底，临走时撂下一句话："能杀死害虫就在这安着，杀不死立马挪走！"

岗底村的果园自从安上黑光诱虫灯后，趋光性害虫明显减少，节省了不少人力和农药。

几年之后，新问题出现了。由于管理员对黑光诱虫灯下桶里的害虫清理不及时，诱来的害虫接触不到药液又飞走了，落到了"犟筋头"的果园里。"犟筋头"不干了，几次找到村干部，要求把自家地头上的黑光诱虫灯挪到别处去。

这时，市场上推出了一款频振式太阳能杀虫灯。这种灯有两个优点：一是装上了高压电网，害虫碰到就死，不用药桶，不用清理；二是不用架设电线，不用早、晚定时派专人开关。岗底村投资了 8 万余元钱，买了 20 个。这次"犟筋头"的犟劲又上来了，他怕还在他的地头安灯，就偷偷把准备安灯的水泥灯座刨出来砸了。安灯的技术员问"犟筋头"，他说不关他的事儿。技术员要再垒个灯座，他拦着不让。技术员请示村干部后，只好把灯安在另外一个地方，虽辐射效果差了点，但也是没有办法的办法。

这次，"犟筋头"失算了。新型频振式太阳能杀虫灯不仅杀虫效果好，还从没出现过"招虫"现象。近水楼台先得月，地离灯越近杀虫效果越好。"犟筋头"把肠子都悔青了，他又找到村干部，要求把杀虫灯再挪到他的地头……

第 56 道工序：预防冻害

提前备用防冻剂，一旦遇到恶劣天气及时喷施，能显著提高苹果树的抗冻能力，有效地防止早晚霜袭击，避免或减轻受冻害。

有备无患

内丘县岗底村果农杨老汉有个习惯，每天晚上看完中央电视台的《新闻联播》后，必须再看中央气象台的《天气预报》。因为杨老汉承包了集体 6 亩苹果园，风、雪、雨、雹直接关系到他家一年的收益，你说他能不关心吗？

话说 2013 年 4 月 14 日，这天是星期天。晚上，杨老汉看完《新闻联播》，又接着看《天气预报》。中央气象台预报说，由于受西伯利亚寒流的影响，华北地区将有中到大雪，气温降到 0 摄氏度以下，提醒大家注意防寒防冻。

听到这里，杨老汉心里不由得一惊。眼下正是苹果树开花的季节，如果遇到冻害，轻则减产，重则绝收。想到这里，他对坐在身旁看电视的老伴儿说："明天我去趟县城，买些果树防冻剂来。"

老伴儿不以为然地说："马上就到谷雨了，怎么还能下雪？再说了，华北地区那么大，那雪咋就偏偏下到咱岗底村？"

杨老汉说："天有不测风云。不怕一万，就怕万一，这叫有备无患。"

第 2 天一早，杨老汉就去了县城，买回了果树防冻剂，给苹果树喷施了 1 遍。

1 天过去了，2 天过去了，3 天过去了，依然是春光明媚，风和日丽。岗底村"三山两峪一面坡"上，苹果花盛开，蜂飞蝶舞，每天引来大批城里人到这里踏青赏花。

老伴儿开玩笑地说："到现在连个雪花都没见，你买那果树防冻剂不是白花钱吗？"

杨老汉嘿嘿一笑，没有言语。

到了第 5 天头上，也就是 4 月 19 日，老天突然变了脸。纷纷扬扬的大雪从上午一直下到晚上 12 点，气温下降到零下 3 摄氏度。

一见下了大雪，许多果农都慌了阵脚。当天夜里，在村委会的统一组织下，全村果农齐上山烟熏驱寒。第 2 天天晴后，杨老汉又给果树喷了 1 遍防冻剂和果实膨大剂。其他果农见状，也纷纷到县城去买防冻剂，因为人多货少，不少人空手而归。

后来，在技术员的指导下，岗底村的果农又采取了人工授粉、喷施植物生长促进剂等补救措施，以减少冻害造成的损失。

这一年，由于受雪灾影响，没有采取防护措施的苹果树，大部分苹果花被冻死了。岗底周围村的苹果园减产 70% 以上，有的几乎绝收。岗底村苹果树也减产 20% 左右。唯独杨老汉的 6 亩苹果树，由于提前喷施了防冻剂，不但没有减产，还比上一年多收了 1000 公斤苹果。

事后，杨老汉对老伴儿说："听我的没错吧！"

"就你能，能得都快成神仙了！"老伴儿说在嘴上，却乐在心里。

第 57 道工序：烟熏驱寒

如遇早霜、倒春寒或下雪天气，每亩果园堆 6 堆柴草，当气温降到 0 摄氏度时，开始点火烟熏，可以起到很好的驱寒和防冻效果。发烟物可用农作物秸秆、杂草、树叶等能产生大量烟雾的易燃材料。

因"火"得福

春天来，和煦的阳光普照大地，内丘县岗底村"三山两峪一面坡"上，"冬眠"的苹果树开始蠢蠢欲动。

过了惊蛰，气温开始回升。当日均气温达到 5 摄氏度时，苹果树开始萌动，花芽逐次膨大、开绽、露蕾、花序分离；当日均气温达到 15 摄氏度时，花芽开始萌动，果树进入初花和盛花期。岗底村 3000 亩苹果树，"忽如一夜春风来，千树万树梨花开"。

4 月 19 日这天，果农杨书增一大早就起床了。前几天，有位亲戚在县城出了车祸，这天交警队要处理事故，亲戚再三打电话要他参加，并再三嘱咐上午 8 点准时赶到县交警队。杨书增简单吃了一口饭，就匆匆上路了。

杨书增还没有进县城，天上就飘起了雪花，气温也越来越低。杨书增想起头一天晚上中央气象台预报，第 2 天山东、山西、河南、河北大部分地区有中到大雪，气温下降 5—8 摄氏度。当时杨书增并没有放在心上，再过两天就是谷雨了，哪里还能下雪。再说了，预报的面积那么大，说不定下到哪里呢。现在真的下雪了，杨书增心里不由得紧张起来。

杨书增有 8 亩苹果园，正是盛花期。他心里明白，苹果花期受冻的临界气温为零下 2 摄氏度，低于零下 2 摄氏度时，苹果树中心花受冻率 30% 左右；低于零下 3 摄氏度时，受冻率达到 50%；低于零下 4 摄氏度时，受冻率高达 70%。没花就没有果，想到这里，杨书增身上出现了一阵阵寒意。

雪越下越大，气温越来越低，老天似乎跟杨书增作对，雪丝毫没有停下的意思。处理好交通事故，已经到了下午 3 点钟，杨书增立即往回赶。由于雪下得太大，路上不好走，1 个小时的路程，小车整整跑了 3 个小时。一进村，杨书增就听见村委会的大喇叭正在召集果农开会。他没有回家就直奔了会场。

为了防止苹果花受冻，村委会专门召开果农会，按照富岗苹果 128 道标准化生产工序要求，组织果农利用烟熏法给果园驱赶寒流。具体办法是：在果园内上风头，用柴草或烟雾剂发烟，每亩放 6—10 堆，每堆放 25 公斤左右，堆距 20—25 米，不要有明火，以防灼伤苹果树、花和叶。

果农会一结束，杨书增立即跑回家，往兜里塞了两包方便面，骑上摩托车直奔自己家果园。杨书增的果园在托么沟，离村有 3 公里多。走到半路上，由于地面雪厚打滑，杨书增一连摔了两个跟头，他只好把摩托车扔到路边，步行上山。

来到果园，杨书增犯愁了，他的 398 棵苹果树分布在沟两旁大大小小 100 多块山坡地上。如果按照技术员讲的办法，要点多少个烟堆？雪在不停地下，气温继续下降，怎么办？杨书增急中生智，何不把柴草堆在沟中间点燃驱赶寒流？于是，杨书增在沟里一拉溜堆起了 6 堆柴草。因为离两旁的苹果树有 4 米多远，他决定用明火驱寒，不用烟熏。他把 6 堆柴草点燃，柴草不够用，他就搬来果园里存放的树疙瘩当柴烧，一会儿看看这堆火，一会儿又看看那堆火，生怕灭了。饿了，他就吃口方便面；渴了，他就吃一把雪。大火整整着了一个晚上，杨书增也一个晚上没合眼。

第 2 天，云开雾散，艳阳高照，积雪也很快就融化了。回到家里，杨书增一觉睡到日落西山。

这一年是 2013 年。据有关部门统计，由于雪灾，没有采取防冻措施的苹果树减产都在 70% 以上，有一部分绝收。紧邻岗底村的白塔村有位种苹果大户，2012 年给苹果套袋 100 多万个，这一年套了不到 30 万个，就是在岗底村，平均减产也在 30% 左右，而杨书增歪打正着，因"火"得福，减产只有 15%。

第 58 道工序：采集花粉

将采集的花朵的花药取下，放在洁净干燥的纸上烘干或晾干后，收集
到小瓶中保存，以备人工授粉使用。

人无远虑　必有近忧

岗底村有个杨老汉脾气特别犟，遇事不碰南墙不回头。就拿大气球期
采集苹果树花粉来说吧，他可吃了一次大亏。

苹果树的花粉粒大且黏重，靠风力传播的距离有限，花期很短，因此，
如果花期遇上寒流、阴雨天、沙尘暴、干热风等不利于昆虫活动的恶劣天气，
进行人工授粉是增加果园产量的唯一途径。因此，在山东一些地方就出现
了专门采集、经销苹果花粉的专业户。

过去，岗底村的果农也不采集花粉，需要人工授粉时都是从网上购买
花粉，30 元 1 克。由于花粉价格昂贵，少数人唯利是图，难免掺杂使假或
销售过期的花粉，果农受害不轻。李保国教授来到岗底村后，要求果农在
大气球期采集花粉，以备后用。

可杨老汉偏偏不听这一套，他说："采集花粉太麻烦，自然灾害哪能
年年有，真需要时在网上买点就是了。"

说句实在话，采集花粉是一个比较麻烦的事。首先，采花应选择在上

午天气干燥、花朵上无露水时进行，否则会影响花药的晾晒工作。而且，采集鲜花的时间应选择在初花期，这时的花蕾分离膨大但尚未开放，形似铃铛，是加工花粉的最佳时期。如果采花过早，花粉粒尚未发育充实，不利于授粉受精；采花过晚，花药已经散粉，不利于脱取。其次，采花的原则是要选择与栽培品种亲和力强、花粉量大、花期相近的品种。花多的树多采、花少的树少采或不采；内膛少采，外围多采。采花可结合疏花进行，1个花序只留1朵中心花或留1朵中心花和1朵边花。再次，从采粉树上采铃铛花或刚刚开放的花带回室内，先拨开花瓣将两朵花心对磨，使花药落在铺好的油光纸上。挑出花瓣、花丝等杂物，将花药摊平在纸上阴干，一般需2天时间。其间，室内保持干燥、通风，温度维持在20—25摄氏度，经常翻动花药，使其开裂散粉。然后将花粉放在洁净干燥的纸上，于25摄氏度灯下烘干，并把花粉收集到小瓶中，置于干燥器中保存备用。花粉一般可保存1年以上，但不宜长期保存，长期保存花粉中的生物活性物质容易消失。

说来也巧，自从岗底村果农开始采集花粉后，一连几年都风调雨顺，没有出现过果树不易授粉的坏天气，采集的花粉也没派上用场。又到了采集花粉的时候，杨老汉说开了风凉话："专家教授也不是神仙，有时也说不准，费劲巴力采集的花粉有啥用？！"

真是天有不测风云。杨老汉的话音刚刚落地，山东、河北就出现了大面积阴雨天气。正是苹果树开花授粉的关键时期，蒙蒙细雨一连下了3天还不见放晴，岗底村的果农开始人工授粉。杨老汉坐不住了，马上让儿子从网上购买花粉。结果，网上无货。杨老汉抓了瞎。儿子说："要不向乡亲们借点儿花粉。"杨老汉自知过去说话闪了嘴，不好意思去找乡亲们借花粉，嚅嚅地说："要借你去借，我咋还有脸去？！"

其实，果农采集花粉够自己用就行了，多余的不多。杨老汉的儿子跑了好几家才借到了一部分，给村后山的 2 亩果园进行了人工授粉，剩下托么沟的 1.5 亩果园无粉可授。结果，秋后减产 40%，少收入了 1 万多元。这正应了那句俗话：人无远虑，必有近忧。

到了第 2 年采集花粉的时候，杨老汉对儿子说："走，咱们去采集花粉！"儿子说："采那干吗？专家教授有时也说不准！"杨老汉一怔，马上反应过来，说道："小兔崽子，你敢笑话老子，看我怎么收拾你！"父子俩一块儿说说笑笑地出了家门。

第59道工序：人工授粉

在苹果树授粉期间，如遇大雾和阴雨天，自然授粉受到影响时，要采用喷粉、人工点授等方法进行人工授粉以提高坐果率。在主栽品种花序中心花开放的当天突击抢授。

天灾难防　雪灾之后……

阳春三月，正是岗底苹果花盛开的季节，"三沟两峪一面坡"上，花香醉人。

春风在山间奔跑，小鸟在林中歌唱，勤劳的小蜜蜂在花丛中飞来飞去，正忙碌着采食花粉，酿造蜂蜜。村委会办公室楼顶上的高音喇叭里飘来了成龙的歌声：不经历风雨，怎么见彩虹，没有人能随随便便成功……

这天晚饭后，风变得越来越凉，天上黑沉沉的不见一颗星星。《新闻联播》后，《天气预报》预告："明天山东、山西、河南、河北大部分地区有中到大雪，最低气温零下2摄氏度。"坐在电视机旁正在看《天气预报》的富岗集团生产服务部经理杨双奎，心里不由得一惊，现在正是苹果树开花授粉的关键时期，如果碰到雨雪天，授粉就会受到影响，当年的苹果就会减产。他心里祈祷，《天气预报》千万别报准。

第2天一早，杨双奎就起床了。今天他要去县城参加县里举办的果农培训会，并主讲富岗苹果128道标准化生产工序。走到半路上，天上飘起了雪花，呼啸的北风把公路两旁新栽的小树吹弯了腰。杨双奎紧握方向盘，顶风冒雪，向县城驶去。

这场大雪从早上8点一直下到下午6点，地上的积雪有一拃厚。会议一结束，杨双奎立即驱车朝岗底村赶。他不放心岗底村3000亩正在鲜花盛开的苹果树。路上，富岗集团董事长杨双牛打来电话，要他一定要采取措施，把大雪造成的损失降到最低。由于路上积雪太厚，小车开不动了，杨双奎只好调转车头，绕道邢台市区才回到了岗底村。

由于下大雪，气温越来越低。杨双奎心里明白，苹果树开花期遇有零下1.7摄氏度低温，就会发生冻害，影响授粉。如果24小时内最低气温降到零下3摄氏度以下时，就会造成苹果坐果率比正常情况降低20%—50%。晚上12点，在杨双奎的带领下，果农们纷纷来到果园，将柴火和烟雾剂点燃，利用烟熏增温法，改善果园周边的气候。第2天，杨双奎又带领果农们来到果园，用木棍和竹竿敲落树枝上的积雪，以减轻冻害。

大雪之后，由于空气潮湿，苹果树自然授粉受到影响，他们按照富岗苹果128道标准化生产工序的要求，对苹果树实施人工辅助授粉。

苹果是异花授粉的果树，在果园中都配置有足够的授粉树。但当花期遇到低温、大风、雨雪等恶劣天气时，苹果树会因授粉不良造成坐果率降低。而通过人工辅助授粉，不仅能提高坐果率、增加产量，还能端正果形、提高商品果率，使果树达到优质丰产。最佳的授粉时间一般在上午10点到下午4点，授粉方法主要有点授法和喷粉法。点授法就是把花粉混合均匀后混入3—5倍的滑石粉或淀粉中，装入小瓶内，用毛笔蘸取花粉，选择合适花朵，轻轻涂抹到雌蕊柱头上。蘸1次花粉，可涂抹10朵花左右。喷粉法就是把花粉与滑石粉或淀粉按1∶20的比例混合，装入用2—3层纱布制成的撒粉袋里，吊在竹竿上，轻轻敲打竹竿，让花粉落到花柱上，以辅助授粉。不论用哪种方法，辅助授粉时都要从树冠由上到下，由内向外逐枝授粉。

正当周围村的果农面对灾害束手无策、唉声叹气的时候，岗底村男女老少齐上阵，给苹果树实施了人工授粉。

时间一天天过去了，到了给苹果套袋的时候，人工授粉与不授粉，结果大不一样。同样树龄的苹果树，岗底村每亩苹果树套袋比其他村多20%—40%，这就意味着每亩多收苹果900公斤左右。

白塔村一位小伙子感慨地说："同岗底村果农相比，咱不服不行！"

第60道工序：放蜂授粉

利用蜜蜂或壁蜂给苹果园授粉，具有操作简单、省工省时、授粉速度快、效果好的特点，能够提高苹果花序坐果率20%—50%。具体方法是：苹果树开花前2—3天，每5—6亩果园放1箱蜜蜂或每亩果园放200—300头壁蜂，花期放蜂前后10—15天，严禁喷洒农药。

杨牛小立功

在岗底村，提起杨牛小来，那可是无人不晓。别看老杨如今60多岁了，耳不聋，眼不花，身体倍儿棒。岗底村第1个苹果园就是他40多年前带领一帮年轻人栽种的。后来，他又当了20多年的主管林业的副主任和党支部委员。岗底村的苹果能发展到今天，杨牛小也是有功之臣。

1986年，白鹿角乡大恶石村村民杨柳根碰到一件烦心事儿。他承包了村里60棵10年树龄的苹果树，连续两年光开花不挂果。于是，他请来了技术员，但还是怎么也找不出不挂果的原因。后来，他听说岗底村杨牛小管苹果有一套，专门去请教。杨牛小来到杨柳根的苹果园转了一圈，心里有了谱。他对杨柳根说："我有一个法子，保证让你的苹果园秋后大丰收！"这时，来村检查工作的时任县委书记高庆英接过话茬儿说："你要是能让他的苹果挂果，年底我给你记功。"杨牛小说："书记说话算数？""君无戏言！"高庆英打了保票。

杨柳根的果树为什么光开花不结果呢？原来，杨柳根承包的60棵苹果是60年代初栽种的,那时种的品种都是国光、青香蕉、印度青(常青、甜香蕉)、金冠、美夏等,都是一些老品种。因为是集体栽种的,一块儿一个品种。后来,分给村民承包后,有人嫌苹果品种不好,刨后栽上了红富士。富士苹果树是异花授粉,头些年那些苹果树没刨时,能互相授粉,年年挂果。现在就剩下杨柳根的苹果树不能异花授粉,于是形成了只开花不挂果的现象。

杨牛小心里明白,要解决这个问题,有3种办法:一是栽种授粉树,但远水解不了近渴;二是嫁接授粉树,那得等到第3年才能派上用场;三是人工授粉,由于树冠太大,不易操作。怎么办?杨牛小绞尽脑汁,也没想出好办法,后悔说了大话。眼看着苹果树就要开花了,杨牛小比杨柳根还着急。一天,杨牛小在山坡上转悠,忽然发现一只蜜蜂从他眼前飞过,心里有招了。

当苹果花盛开的时候,杨牛小从其他苹果园折了许多花枝,抹上蜂蜜,插到盛满水的铁桶内,放到杨柳根的果园里。很快,一只蜜蜂飞来了,跟着又飞来两只,不一会儿,一群蜜蜂飞来了。勤劳的蜜蜂是天生的授粉能手。秋后,杨柳根的60棵苹果树硕果累累。书记给杨牛小记三等功。

如今,花期放蜂授粉早已写进了富岗苹果128道标准化生产工序,具体要求是:每5—6亩果园放1箱蜜蜂或每亩果园放200—300头壁蜂,于开花前2—3天置于苹果园中。

第 61 道工序：用糖醋液诱杀金龟子

金龟子是花期主要害虫，利用其趋化性挂糖醋罐诱杀。每 25—30
米挂 1 个糖醋罐。糖醋液配比为红糖 1、醋 4、水 16。注意：花期绝对
禁止喷药。

巧治"神虫"

1997 年的阳春三月，岗底村漫山遍野花红柳绿，蜂飞蝶舞。果农杨根
柱站在花丛中，心旷神怡，憧憬着金秋的丰收。

1995 年，杨根柱承包了村里 400 棵苹果树。一家人辛勤劳作，连续两
年喜获丰收。这天，阳光灿烂，春风宜人，正是苹果树授粉的最佳时机。
正在仔细观察的杨根柱发现，苹果花上飞来了不少小黑虫，而且越来越多。
这些小黑虫专吃花瓣和花蕾。杨根柱着急了，春天没有花，秋天哪有果？
他马上下山，背来喷雾器，开始用药物治虫。

第 2 天，杨根柱来到果园，检查治虫效果，发现虫子不但没死，反而
越治越多。杨根柱一看用药物治不住，就带领全家老少齐上阵，用手捉虫。
开始，他把捉住的虫子埋在土里想闷死，没想到第 2 天虫子又从土里拱了
出来，爬到树上继续啃花。埋在土里不行，杨根柱就找来空酒瓶，把捉住
的虫子装在瓶子里，再埋入土中。由于虫子太多，空瓶不够用，怎么办？

杨根柱通过观察发现，这些虫子有个特点：上午头半晌和下午后半晌

趴在树枝上不动，一到中午气温高了，才开始吃花。于是，杨根柱就在树下铺上塑料布，用脚跺树，呼啦啦虫子掉在塑料布上，他立即收起塑料布，然后用火把虫子烧掉。

这种虫子，不仅杨根柱家的果园里有，山坡上、沟底里的苹果树上，也爬满这种害虫。有户果农见虫治不下去，就跑到 100 公里之外的隆尧县，找了一个"明眼儿"（巫婆、神汉之类）看看是咋回事儿。"明眼儿"说："这是神虫，看也没用。"离岗底村 20 公里处有个神头村，村里有座庙，传说有求必应，十分灵验。于是，有户果农就到庙里烧香磕头，求神灵保佑。结果，神灵也没保住苹果树。这一年，杨根柱的 400 棵苹果树，比上一年少收了 5000 多公斤。

冬季农闲的时候，该市林业局在岗底村举办果树病虫害防治培训班。杨根柱从技术员那里知道，那种虫子并不是什么"神虫"，学名叫"金龟子"，每年在苹果、梨、桃等水果的花盛开时出来觅食，专吃花朵。技术员还告诉杨根柱，金龟子是花期主要害虫。而金龟子喜食糖醋味，用糖醋液加黑光灯诱杀金龟子，效果非常好。

第 2 年，又到了苹果花开的季节，杨根柱按照防治金龟子的技术要求，把糖醋液装在罐子里，每隔 25—30 米在苹果树上挂 1 个，其他果农也纷纷效仿。从那儿以后，岗底村的苹果再也没有受到金龟子的危害，所谓的"神虫"被治住了。

与"敌"为友

故事发生在 1994 年。那一年，岗底村安东景的苹果园里，发生了一桩怪事儿：有 20 多棵苹果树没有挂果。同样浇水，同样施肥，同样修剪，同样开花，为什么单单这 20 多棵苹果不挂果呢？安东景纳闷，邢台来的果林技术员也闹不清是咋回事儿。

到了第 2 年 4 月份，村里的技术员杨双奎留了个心眼儿，到安东景的果园里查看了一番。进入 4 月中旬，岗底村的苹果树陆续进入盛花期。这天上午，阳光灿烂，春风和煦，杨双奎又来到安东景的果园里。细心的杨双奎发现苹果花上爬满了金龟子，便马上派人把安东景从家叫来，对她说："你家果树上生了这么多金龟子，咋不想法治一治？"安东景回答说："去年市里来的技术员说，昆虫能帮助授粉，你把它治光了，果树咋授粉？去年俺都没管它。"

杨双奎一听，哭笑不得，解释说："蜜蜂、壁蜂能帮助授粉，可这是金龟子，是害虫，专门吃苹果花。"说着，杨双奎摘下一朵苹果花，对安东景说："你看，花心有 5 根立柱叫花柱，每个花柱顶端有一个小球球，花粉沾到小球球上才能结果。金龟子把花柱都吃完了，还咋授粉结果？"

听了杨双奎的讲解，安东景明白了。她叹了一口气说："都怪我没有仔细听技术员讲课，错把害虫当益虫，去年那 20 多棵苹果树不结果都是这金龟子害的。"

"那咋办？"安东景着急地问，杨双奎说："这好办。你回家找一些空罐头瓶，里面放上糖和醋合成的液体，挂在树上，金龟子就会飞进去。"

临走时，杨双奎告诉安东景："千万别打药，花期打药不仅会影响授粉，还会造成药害，影响苹果质量。"

安东景用这个办法很快治住了金龟子，当年苹果获得了大丰收。

后来，岗底村在所有果园里都安装了黑光灯和太阳光能诱虫灯，因为具有很强的趋光性，金龟子还没有来得及危害苹果花就被杀死了。从那儿以后，金龟子在岗底村再也没有大面积出现过。偶尔出现一些，也很快让果农给治住了。

第62道工序：喷施植物生长促控剂

当新梢长到15—20厘米时，全树喷施150—180倍生长促控剂，可以促进细胞分裂、分化和伸长生长，或促进植物营养器官的生长和生殖器官的发育。喷施植物生长促控剂时，要严格按照使用说明书规定的比例配药，不可随意加大或减少。

果园对话

2013年5月10日，内丘县岗底村果农杨老汉吃罢早饭，来到村后山上的自家果园，看到挂满枝头的小苹果已开始膨大，心里不由得乐开了花。

1个月前，正值苹果花开时，突如其来的一场大雪，把岗底村果农的心都浇凉了，不少人感到今年苹果绝收已成定局。后来，在富岗公司生产技术人员的指导下，按照富岗苹果128道标准化生产工序，果农们采取了各种补救措施，把损失减小到了最低程度。站在树下，杨老汉数了数1个枝上有28个小苹果，他心里盘算着今年套袋比去年套袋少不了多少。杨老汉突然想到，根据富岗苹果128道标准化生产工序，该给苹果树喷施氨基酸液肥了，于是立即下山回家，去宋家庄购买氨基酸液肥。

宋家庄虽然离岗底村不到5公里，却归邢台县管辖。从岗底村到宋家庄，中间正好路过北店和富家坡两个村。杨老汉开着三马车路过富家坡果园时，突然听到有人喊他，停车一看，原来是老熟人李老汉。

李老汉问："杨大哥，你干啥去？"

杨老汉回答说："俺去宋家庄买氨基酸液肥，苹果快要套袋了，套袋前必须喷施 1 次，晚了，就用不上劲儿了。"

李老汉说："上次下大雪，把俺村的苹果花都冻死了，树上基本没有坐果，你们村里的人命真好！"

杨老汉下了三马车，来到李老汉的果园一看，树上果然稀稀拉拉的没有多少果。忙问："下雪后，你们没有采取补救措施吗？"

李老汉叹了一口气说："下雪后，大伙儿光骂老天爷了，哪有采取补救措施？"接着李老汉问道："你们都采取了啥措施？"

杨老汉说："下雪的当天晚上，俺们采取熏烟驱寒，第 2 天一早就上山用木棍或竹竿敲打树上的积雪，天晴后，又进行了人工授粉，接着又给果树喷施了叶面肥。"

"你说的这些办法真顶事儿？"李老汉有点儿不相信。

"顶大事儿了。"杨老汉解释说，"苹果树开花期气温低于零下 3 摄氏度时，坐果率降低 50% 以上，通过烟熏驱寒和敲打积雪，可提高小环境温度，减轻冻害。大雪之后，由于空气潮湿，果树自然授粉受到影响，必须实施人工辅助授粉。"

"那喷施叶面肥管啥事？"李老汉又问。

杨老汉耐心地解释："苹果花在遭遇冻害后，花粉活力、花粉萌发率降低，花粉管生长延缓，胚囊寿命和柱头接受花粉的时间缩短，影响花朵授粉过程，导致坐果率下降，严重时能造成苹果绝收绝产。喷施叶面肥能显著增强花粉的活力，促进花粉萌发，加速花粉管的伸长，从而提高花朵的坐果率。"

听了杨老汉的一番讲解，李老汉由衷地说："老哥，你知道的真多，快成果树专家了。"

杨老汉谦虚地说："哪里，哪里，这些都是《富岗苹果 128 道标准化生产工序》中讲的，我不过是现买现卖罢了，过两天我送你一本，让你也好好学学。"

李老汉高兴地说："那太好了，谢谢！谢谢！"

送走杨老汉，李老汉心里犯了嘀咕，杨老汉说的是真的吗？于是他偷偷跑到岗底村山上的果园里转了一圈，看到满树的小苹果，心里彻底服了。他专门跑到富岗公司生产技术服务部，索要了一本《富岗苹果 128 道标准化生产工序》，打算以后就照着 128 道生产工序管理苹果树。

第63道工序：疏花朵

　　每20—25厘米留1个花序，每个花序留1个中心花和1—2个壮边花，其余花朵疏除，以节约树体养分。

不听师傅言　吃亏在眼前

　　那一年的4月中旬，正是苹果花盛开的季节，岗底村沟沟坡坡、岗岗垴垴上，成了花的海洋。果农们心花怒放，看到了丰收的希望。

　　这天上午，岗底村委会把果农们召集到百亩果园，听河北农大教授李保国讲苹果疏花管理技术。苹果疏花，岗底村的果农听说过，但没见过。他们只知道没花就没有果，把花疏掉了，还能多结果吗？

　　为了打消果农的疑虑，李保国教授说，疏花不是把所有树上的花全部疏掉，而是根据树势合理疏花留花。打一个比方：10个馒头10个人吃，1人只能吃1个，谁也吃不饱。如果10个馒头5个人吃，1个人就能吃2个，大家都能吃得饱。李保国教授接着解释说："这和苹果树开花结果是一个道理。一棵果树所供给的营养有一定的限量。开花越多，结果就越多。它像人生了孩子一样，孩子越多，奶就不够吃，虽然能活命，但营养不够，个个面黄肌瘦，个头儿小。果树也一样，挂果越多就造成果小质劣，还会造成第2年产量降低。"接着，李保国教授又讲了从露蕾后到盛花期均可进行疏花，每个花序要留 1 个中心花和 1—2 个壮边花，其余花朵都要疏掉。

听了教授的讲解，多数果农打消了疑虑，而站在人群中的王成玉却半信半疑。前几年，岗底村的村民大多数都承包了果园，王成玉怕苹果卖不了赔钱，不敢承包，后来见别人都发了财，眼红了，再想包园已经没了。2000 年，王成玉在自家的口粮地里栽种了 2 亩苹果。到了 2004 年，果树开始产果，有了效益。现在让疏花，他怎么也想不通。当教授做示范时，他看到苹果花落了满地，别提多心疼了。1 朵花就是 1 个苹果啊！

这一年，岗底村的果农绝大多数都疏了花，只有王成玉没有动手。村里生产技术服务部的技术员几次到果园催促疏花，他总是不肯。他心里有主意："疏花到底好不好？咱们秋后见分晓。"

春去秋来，苹果摘袋的时候到了。王成玉到邻近的果园里转了一圈，别人的苹果个头儿大，光泽好，而自家的苹果虽挂满了枝头，但个头儿小，果品质量差。后来，村里收购时，别人的苹果每公斤卖到 6 块钱，他的只卖 2 块多。最后一算账，他的 2 亩苹果比别人少收入 2 万多元。王成玉真的傻眼了。事后，他后悔地对村干部说："不听师傅言，吃亏在眼前！"

这个故事发生在 2005 年。现在，苹果疏花早已成了岗底果农生产苹果的重要工序之一，王成玉也成了村里管理果园的行家里手。

第64道工序：人工疏果

落花后10—15天进行，疏果间隔20—25厘米，隔序留序。主要去掉畸形果、病虫果及弱小果，留壮果、好果。

舍不得孩子套不住狼

还不到上午八点半，岗底村的果农们就纷纷来到村委会大院参加果农大会。这天，省里来了知名林果专家，指导大家对苹果树进行疏果。9点整，果农大会正式开始。主持会议的村干部说："乡亲们，今天我们专门请来专家，讲讲苹果树为什么要疏果，怎么疏果，这是富岗苹果标准化生产的一道重要工序。下面，大家欢迎专家上课！"大院里响起了一阵热烈的掌声。

"苹果树进入结果期后，任其自然结果，就会造成树体负载量大，尽管产量高，但果品质量差，还会出现大年、小年现象。这不仅降低了经济效益，同样也往往造成树体衰弱，甚至未老先衰，感染各种病害。因此，苹果管理必须严格控制树体的负载量，实施疏果技术，才能高产、稳产、优产，取得良好的经济效益。"

专家怕果农们听不懂，又打了一个生动形象的比喻："这和计划生育的道理一样，孩子多的家庭负担重，孩子很难培养成才，如果就1个孩子，上学、就业、娶媳妇盖房就省劲多了。所以，苹果树也要实行计划生育，实现优生优育。"专家的话音刚落，大院里响起一片笑声。接着，专家又讲了疏果的时间、疏果的方法，然后又到果园进行示范操作。

果农杨海堂老汉开完会回到家里，心里一直拿不准主意。专家讲的听起来似乎有些道理，但没经历过，把那么多小苹果疏掉，秋后减产怎么办？不如先等等，秋后看看人家疏果后收成咋样。第 1 年，杨海堂没有疏果，秋后到了采摘苹果的时候，杨海堂服气了。凡是疏果的，苹果个头儿大，着色好，果形周正。虽然苹果数量少了，但个头儿大了，总产量并不减少，有的还提高了。杨海堂决定第 2 年试一试。

到了疏果的时候，杨海堂看到 1 个花序上长着四五个小苹果，青翠欲滴，个个喜人，疏掉哪个他都心痛。杨海堂又开始犹豫了。后来他想了一个折中的办法，专家说留 1 个，他留了 2 个。苹果套上袋后，杨海堂心里还在琢磨：说不定我这还是一个创举呢。到了摘袋的时候，杨海堂傻眼了，由于山风大，两个苹果在袋里互相碰撞摩擦，接触的地方都熟烫了，过一段时间变成了疤。采摘后，因达不到富岗苹果的标准，公司不收购，杨海堂只好骑着三轮车，走村串乡贱卖了。

第 3 年疏果的季节又到了。杨海堂吸取上年的教训，1 个花序只留 1 个苹果，但他打了一个小折扣。专家要求 1 条枝上每隔 25 厘米留 1 个苹果，他却 10 厘米留 1 个，这样下来 1 条枝上能多留 3—5 个苹果。这一年，杨海堂在"百亩果园"的 1.2 亩苹果收入了 3 万元。杨海堂心里美滋滋的。

到了第 4 个年头，使杨海堂老汉始料不及的是苹果树开花少了，结果也少了，1.2 亩苹果树收入不到 1.5 万元，成了小年。杨海堂心里明白，这是疏果不到位造成树负载量过大的缘故。真是"舍不得孩子套不住狼"，不相信科学是瞎忙。打那儿以后，杨海堂老汉严格按照富岗苹果128道标准化生产工序管理苹果，再也不敢胡来了。由于苹果个头儿大、质量好，他向公司交售的多，公司每年还奖励他反光膜和1000多公斤有机肥。

今年挣了明年的钱

内丘县侯家庄村刘老汉的女儿与岗底村果农杨清林的女儿上高中时是最要好的同学，后来拜为干姊妹。从此，两家成了亲戚，逢年过节经常来往走动。

2002 年，侯家庄乡政府号召全乡学岗底，大力发展苹果种植，并无偿提供树苗。当时，好多农民不愿意种植，怕不懂管理技术，苹果树长不好没收益，不如种庄稼保险。侯家庄的刘老汉就找到岗底村的亲戚杨清林商量这事儿。杨清林说："老哥，你种吧，管理方面我包了，保准 3 年结果，4 年丰产，8 年后每亩收入不下 1 万元。"

杨清林的一席话，让刘老汉吃了"定心丸"。回到侯家庄后，他按照村委会的要求，栽种了 60 多棵苹果树，也就是 1 亩左右。在杨清林的帮助下，刘老汉按照富岗苹果 128 道标准化生产工序对苹果树精心管理，第 1 年拉枝，第 2 年刻芽，第 3 年见果，第 4 年达到了丰产，刘老汉心里别提有多高兴了。他逢人就说："人家富岗苹果 128 道标准化生产工序真管用！"

到了 2010 年，刘老汉的苹果树进入了盛果期，杨清林对他说："老哥，今年你该给苹果树疏花、疏果了，这是克服苹果树大小年的重要措施。"并亲自教他怎样疏花、疏果。刘老汉嘴上说"中中中、行行行"，可真到疏花时又舍不得了。刘老汉心想，没花哪有果，要是把花疏了，结果就少了，收入也就少了。到疏果的时候，刘老汉更舍不得了。看到树枝上一个个青翠欲滴的小苹果，刘老汉就像看到一张张百元大钞，心里乐开了花。

这一年，刘老汉的 60 棵苹果树套了 2 万个袋，收入 1.5 万元。他心里想，多亏没听亲戚杨清林的话，要是疏花、疏果了，还能收入这么多钱吗？刘老汉高兴之余，给杨清林打电话报喜。

杨清林在电话里说："老哥，你别高兴得太早，叫你疏花、疏果你不舍得，你今年挣了明年的钱，有你后悔的那一天。"刘老汉嘿嘿一笑，说："俺不相信，明年争取收入一万八！"

刘老汉哪里晓得，合理负载是苹果树优质稳产的保证，既能保证苹果树有适宜的产量，又能形成足量的花芽，克服大小年现象，并生产优质苹果。这好比一个人，头一天干活出过劲，第 2 天就没力气干活了。

杨清林的话，第 2 年果然应验了。这一年，刘老汉的苹果树花少果也少，苹果的个头儿也小。60 棵苹果树仅收入了 2000 元，还不到上年收入的一个零头。刘老汉真后悔没听杨清林的话。

杨清林给刘老汉算了一笔账，如果头一年疏花、疏果了，因为没有大小年，就算收入 1 万元，3 年就收入了 3 万元。头一年收入了 1.5 万元，今年收入 2000 元，到第 2 年树也缓不过劲儿来，最多收入 3000 元，3 年你就少收入 1 万元。

这一算账把刘老汉算清醒了。他对杨清林说："今后保证严格按照富岗苹果 128 道标准化生产工序管理苹果树，再也不跟科技耍小聪明了。"

第 65 道工序：定果

落花后 20—25 天是定果的最佳时期，要根据树体状况严格控制负载量。定果时要选留果形端正、无病虫害的壮果，尽量留两侧及背下果。进入盛果期的苹果树，每亩定果一般不超过 15 000 个。

有多大荷叶包多大粽子

太行山中部有个九龙岗，九龙岗下面有两个村庄，一个叫岗底，一个叫白塔。九龙岗的龙头左侧是白塔村的果园，右侧是岗底村的果园。岗底村杨老汉的果园挨着白塔村赵老汉的果园。更巧的是，他俩的果园都是一亩三分地。

俗话说："远亲不如近邻，近邻不如对门。"杨老汉和赵老汉的果园能成为邻家，也是百年修来的缘分。可是不知为什么，早些年赵老汉心里老憋着一股劲儿，想在苹果管理上把杨老汉盖下去。可他哪里知道，别看人家杨老汉比他年纪大几岁，但经过技术培训，是取得证书的果树工。经过几年暗地较量，赵老汉每年都处于下风，不管是苹果产量，还是果品质量都略低一筹。

这一年，赵老汉想了一个招儿，你杨老汉怎么管我也怎么管，你杨老汉干什么我就干什么，秋后见高低。从花前复剪、花前追肥到灌萌芽水、防治红蜘蛛；从疏花、疏果到抹芽、扭梢，一步也没落下。

该定果了，赵老汉发愁了。杨老汉一棵树留多少个果，他不好意思明问，就拐弯抹角地说："杨大哥，你这果园今年计划套多少个袋？"杨老汉毫不掩饰地回答说："15 000 个。"一听这话，赵老汉心里有了底。

果农都知道，套多少袋就是留多少个果。合理确定留果量，不仅可减少树体不必要的营养消耗，增加果实产量，提高果品质量，而且还能促使树体健康生长，促进花芽分化，防止出现大小年现象。

赵老汉心里想，兵多将多，谁手里不拿一把家伙。你定果 15 000，我定果 18 000，看能不能超过你。其实在定果时，还要进行一次疏果，主要摘除部分虫果、病果、畸形果、枝磨果、日灼果和伤果，保证优质高产。

这一年，赵老汉真出了一口气。他的苹果因留果多，总产超过了杨老汉 500 公斤。虽然果品质量不如杨老汉的好，也算打了个平手。赵老汉心里乐滋滋的，心想岗底的苹果也不过如此。

第 2 年春天，赵老汉可哭鼻子了，杨老汉的果园是满树花满树果，他的果园却是半树花半树果，赵老汉不得不虚心向杨老汉请教。

杨老汉语重心长地对赵老汉说："兄弟啊，管理苹果就跟咱们过日子一样，吃饭穿衣看家当，有多大的荷叶包多大的粽子。我的果园定果 15 000 个那是有科学依据的，你定果 18 000 那是小马拉大车。"

接着，杨老汉又讲解了科学定果的 4 个方法。一是叶果比法。花和果实主要依靠根的吸收和叶片合成的营养物质进行生长，其间有一个相互依存的供求关系。一般情况下，叶和果的比例应为 50∶1—60∶1。二是枝果比法。上年剪留的枝梢数与留果的比例是大型果 5∶1—6∶1，小型果为 2∶1—3∶1，弱树为 6∶1—7∶1。三是树干截面积法。树干的粗细是果树枝叶与根系物质流量多少的标志，决定着合理负载的大小。经专家测算，树干截面积每平方米可留 3—4 个果。四是树冠体积法。树冠大小与光合能力成正相关，果实生长主要依靠叶片光合产物，所以根据树冠体积确定留果量是比较科学的，每立方米树冠留 20—30 个果为宜。

听了杨老汉的一番讲解，赵老汉心服口服。接着，杨老汉又给他算了一笔账："你的果园去年虽然比我的果园多收了 500 公斤苹果，但是今年成了小年，最少减产 2500 公斤，算总账你的产量还是没有我的产量高。"

打那儿以后，杨老汉和赵老汉真正成了好朋友、好地邻。在苹果种植管理上，相互切磋，取长补短。杨老汉还把《富岗苹果 128 道标准化生产工序》送给赵老汉，让他学习参考。如今赵老汉生产的苹果，也像用富岗苹果的"模子"刻出来的一样。

第66道工序：防治苹果霉心病

每年在苹果树套袋前，喷施符合绿色食品生产要求的杀菌剂，能有效防止苹果霉心病的发生。用量和用法严格按照使用说明书操作。

吃一堑　长一智

1998年的春天，说来也怪，本是春雨贵如油的季节，可内丘县岗底村却接连下了几场透雨。

风调雨顺，再加上精心管理，村后沟、托么沟里的数百亩苹果树，花开得多，果坐得稠，苹果个头儿也大，秋后喜获大丰收。

丰收的喜悦没有在岗底人脸上挂多久，他们就遇到了一件烦心的事儿。原来，在公司收购苹果时，发现有不少苹果生了一种怪病。从外表上看，发病的苹果同好苹果没有什么两样，但用手指一弹，苹果发出的声音不清脆，掰开一看，果心变褐发黑，果肉极苦，严重的苹果仅剩下了张皮。以前，这种事儿在岗底从来没有发生过，他们弄不清这是啥病，也不知道是什么原因造成的。一时间，风言风语四起：有的说，这是苹果树得了癌症，没法治了；也有的说，这是烂心病，传染得很快，到明年整个果园就毁了。

面对这种怪病，村民心里着急，时任岗底村党支部书记的杨双牛心里更着急。1984 年，当选党支部书记后，他带领全村男女老少治山治水，修梯田，种果树，吃过多少苦，受过多少累，现在苹果树已进入盛果期，开始见效益了，却得了这种怪病，他心里比谁都着急。但光着急有啥用，还得想办法解决问题。这天，杨双牛把主管苹果生产技术的杨沣军和杨双奎叫到办公室，交给他俩一个重要任务：尽快弄清这是什么病，并找到防治的办法。

接受任务后，两个人感到责任重大，立即行动起来。在资料里查找，向专家教授请教……功夫不负有心人，他们终于找到了这种病的诱因和防治办法。

其实，岗底村苹果得的怪病是霉心病，也叫"心腐病"。这种病的病菌大多是弱寄生菌，在苹果树枝干、芽体等多个部位存活，也可在树体上、土壤里等处的病僵果或坏死组织上存活，病菌来源十分广泛，潜伏期也很长。第 2 年春季开始传播侵染，特别是春季雨水多时，病菌随着花朵开放首先在花蕊的柱头上定殖，花落后病菌开始向萼心间组织扩展，然后进入心室，导致果实发病。药物防治是有效控制霉心病的主要措施，每年春季在苹果现蕾期、初花期谢花达 70%—80% 时，可用 70% 甲基托布津 1000 倍液加新高脂膜防治。同时，还要随时摘除病果、僵果和枯枝，以清除病菌源。杨沣军和杨双奎还查到山东有一家企业开发生产的霉心灵专治霉心病，而且效果很好。请示领导后，他们立即驱车赶往那家企业。为慎重起见，他们先走访了附近的一些果农，了解了使用效果之后，才买了 5 箱拉回来。第 2 年春天在苹果花期喷洒，取得了满意的效果。

从那一年开始，岗底村的果农每年在苹果花期前后用药物防治霉心病。不过，现在他们使用的是低毒高效的农抗 120，生产的是无公害苹果。

　　这些年来，岗底村果农经过实践和摸索，总结出了许多防治苹果病虫害的法子。比如，苹果树萌芽前，喷5波美度石硫合剂，防治红蜘蛛；7月下旬喷施倍量式波尔多液杀菌，防治苹果树腐烂病，等等。这些措施，都写进了富岗苹果128道标准化生产工序之中，让果农一目了然。

第67道工序：桥接

　　4月上旬至7月上旬，对上年愈合不良的环剥口和腐烂病病斑严重的树干或主干，采用插皮腹接的办法进行桥接，以保证树体养分的正常运输。

"搭桥手术"

　　搭桥手术原本是治疗心血管坏死和堵塞的一项专用技术。岗底村果林农艺师杨双奎，把这项医疗技术移植到果树管理上来，不能不说是一个创举。

　　1997年5月，一批农校的学生来到岗底村实习。有位同学到杨双奎的果园帮忙环剥苹果树，由于没有处理好环剥口，到了第2年，树的环剥口还没愈合。为此，带队的河北农大教授李保国把那位同学批评了一顿。

　　这棵苹果树是果园中的一棵高产树。由于环剥口不愈合，严重影响了树上和地下的养分向树冠输送。没有养分哪能开花结果？时间长了，还会造成树干腐朽，最后整棵树枯死。怎么能让这棵树起死回生？杨双奎查了不少资料，也没有找到满意的答案。

　　一天晚上，杨双奎看到电视里介绍心血管搭桥技术，心想，能不能把心脏搭桥手术用在那棵树上？杨双奎决定试上一试。第2天，他来到那棵苹果树下，见树根上长着几根枝条，就挑选了两根粗壮的枝条进行桥接。打那儿以后，杨双奎像照顾病人一样，每天进行观察，生怕有什么变故。

1年过去了，2年过去了，那棵受伤的苹果树不但没有枯死，反而越长越旺盛。接着，杨双奎又把搭桥技术用在因腐烂病病斑影响养分输送的苹果树上，也取得了圆满成功。

杨双奎用搭桥技术解决了苹果树因环剥口不愈合及腐烂病病斑影响养分输送的难题。李保国教授带着临城县南沟的果农前来参观学习，站在那棵起死回生的苹果树下，望着那63个苹果枝条，感慨地说："双奎呀！你这次桥接技术，也许真的填补了国内空白。"

这"果树搭桥手术"就成了富岗苹果128道标准化生产工序中的一道。

第68道工序：防治潜叶蛾

六七月份，在苹果树树冠外围1.2—1.5米高处挂性诱剂诱杀潜叶蛾，每亩果园挂6套为宜。

起个大早　赶个晚集

临城县有个绿森公司，租赁了内丘县赵庄乡南沟村200亩耕地种植苹果树。由于不懂管理技术，苹果自然生长，到了盛果期，亩产苹果不到500公斤，连交租赁费都不够，愁得公司李老板吃不香、睡不着。

后来，绿森公司的李老板听说内丘县岗底村的果农按照富岗苹果128道标准化生产工序管理苹果树，苹果亩产超过2500公斤，亩收入达到1.5万元，极品苹果卖到100元1个。于是，李老板想尽办法，2004年从岗底村高薪聘请了两名果农当技术员。

岗底村的技术员来到绿森公司后，根据苹果树生产状况，严格按照富岗苹果128道标准化生产工序进行管理，该提干的提干，该间伐的间伐，能拉枝的拉枝，能环剥的环剥，并根据土壤检测的结果，增施有机肥和穴施微肥。经过3年科学管理，苹果树的长势显著好转，苹果亩产达到了2000公斤，而且果品质量也大大提高。岗底村的两名果农临走时，还留下一本《富岗苹果128道标准化生产工序》，让他们照着上面的工序管理苹果。

岗底村的两名果农走后第 2 年，也就是 2008 年 5 月中旬的一天，绿森公司的李老板在果园里查看苹果树的生长情况，发现树叶上有潜叶蛾的卵块，心里不由得一惊。

这几年，李老板跟着岗底村的两名果农学到了不少苹果管理技术和防治病虫害知识，知道潜叶蛾的危害。苹果潜叶蛾是一类以幼虫潜食危害苹果叶片的害虫，会在叶片上形成许多病斑，减小光合叶片面积，降低光合作用，促使叶片提前脱落，阻碍果实和树体生长，削弱树势，造成花芽二次萌发，直接影响第 2 年结果和产量。想到这里，李老板马上把果园里的人召集起来，让他们给苹果树喷施灭幼脲 3 号药液。有人问："现在喷药是不是太早了，过去岗底村的技术员都是让我们 7 月上旬才喷药。"李老板说："听我的没错，早喷药早防治。"

到了 8 月上旬，绿森公司苹果园发生了大面积潜叶蛾危害，最多的叶片上有十几个幼虫，李老板一见慌了，马上派车到岗底村把富岗公司生产技术服务部的技术员请来。

来到果园，技术员仔细检查了潜叶蛾幼虫的危害情况，问李老板："你们没打药吗？""打了，5 月份就打药防治了。"李老板回答说。技术员说："打得太早了。"李老板问："应该什么时间打药？"

技术员解释说，苹果潜叶蛾在我们这一带每年发生 3 代，第 1 代成虫时间是 6 月下旬至 7 月中旬，第 2 代成虫是 7 月下旬至 8 月上旬，第 3 代成虫是 9 月上旬。7 月上旬后危害逐渐加重，8 月危害达到高峰。打药的最佳时间是 7 月上旬，那时幼虫刚出生，打药效果最好。5 月份打药根本不起作用。你这是起个大早，赶个晚集。现在就是打药，危害已经形成，苹果已开始提前落叶，今年的产量和果品质量必定受到影响。

听了技术员的一番解释，李老板后悔不已。他又问："除了药物防治外，还有其他防治措施吗？"

"有。"技术员告诉他说，"苹果潜叶蛾蛹冬季藏在主枝干和粗糙的树皮内结茧越冬，如果结合冬剪，清除果园里的枯枝落叶，早春清理树体，刮除粗皮、翘皮，消灭越冬蛹，就能大大减少潜叶蛾的虫口基数，取得明显的防治效果。"

按照技术员教的法子，当年冬季李老板就组织人员对果园进行了彻底清理，第2年春节过后，又进行树体清理，刮除粗皮、翘皮。当第1代潜叶蛾成虫时，又及时喷施灭幼脲3号药液。这一年，绿森公司的苹果园里基本没有发生潜叶蛾危害。

第 69 道工序：防治苦痘病

苹果树开花前、落花后、套袋前，喷施或土施硝酸钙、氯化钙，可有效防治苹果苦痘病。按说明书用量使用。

亡羊补牢

2006 年，对内丘县岗底村的果农们来说，是一个好年景。

这一年，天公作美，风调雨顺，果农们严格按照富岗苹果 128 道标准化生产工序管理果园。这一年，苹果的个头儿特别大，"90"以上的苹果占到 50% 以上。果农个个笑开了颜，只有杨老三（化名）整天愁眉苦脸的。为啥？因为他果园里的苹果得了苦痘病。

苦痘病又称"苦陷病"，是苹果成熟期和贮藏期发生的一种生理病害，主要表现在果实上。症状在果实将近成熟时开始出现，贮藏期继续发展，病斑多发生在近果顶处。病部果皮下的果肉先发生病变，产生灰褐色病斑。后期果肉干缩，表现坏死，陷凹处深达果肉 2—3 毫米，有苦味。轻病果上一般有 3—5 个病斑，重的多达几十个，遍布果面，严重影响苹果质量，减少果农收入。

这种病为啥只在杨老三果园里发生？这不怨天，不怨地，只怨杨老三他自己。

头一年 7 月份，富岗公司生产技术服务部的技术人员对全村所有果园进行土壤化验和叶片分析，发现大部分果园缺钙，于是就召开果农大会，要求果农给果园补钙。

散会后，儿子对杨老三说："咱们也买点氨基酸钙补补吧！"杨老三却说："别听他们瞎咧咧，我种了半辈子苹果树还不知道，果树一枝花，全靠氮、磷、钾，什么缺不缺钙的，咱不信那一套。"村里的其他果农有的喷施叶面钙肥，有的地下追施钙肥，杨老三却无动于衷。

第 2 年，也就是 2006 年 9 月中旬，杨老三去果园给苹果摘袋，发现苹果顶处附近有些褐色小点点，他没有在意。又过了半个月，他发现褐色小点点变多了，变大了。这下杨老三沉不住气了，立即把技术员请来。技术员看了后说："这是苹果苦痘病，是因为树体生理性缺钙引起的。"

"不可能吧。"杨老三不相信，说："为啥大个儿的苹果上有，小个儿的苹果没有？"

技术员说："苹果个儿大需要钙多，苹果个儿小需要钙少。这好比同样一个馒头，小孩儿能吃饱，大人不够吃。"

"那为啥缺钙就会发生苦痘病？"杨老三又问。

技术员解释说，苹果内钙离子浓度低时，致使果实内部组织松软，果肉出现褐点，外部形成凹陷斑。钙离子浓度高时，呼吸稳定，蛋白质及核酸合成率增高，果实表面正常。所以说，果树除了需要氮、磷、钾之外，还需要钙、铁、铜、锌等多种元素。这和人一样，五谷杂粮啥都要吃，才能营养均衡，身体健壮。

说到这里，杨老三似乎明白了，问技术员他该咋办。

技术员说："缺啥补啥呗！"接着，技术员告诉他，果实吸收钙有两个高峰期：一个是开花后 50 天内，吸收量在 80% 以上；另一个在采摘前 30—40 天。因此，在苹果开花后每隔 10 天喷 1 次 300 倍液的氨基酸钙，连续喷施 3 次；苹果摘袋后 2—3 天，再喷施 1—2 次。同时，要多施有机肥，提高土壤中有机质的含量，增强根系吸收钙的能力。"只要照着这个办法做，保证你的苹果树不再发生苦痘病。"

这一次杨老三再也不敢大意了，叶面上喷，地下施，全方位对苹果树进行了补钙。第 2 年，苦痘病果然没有了。

第70道工序：喷生物杀虫剂和生物杀菌剂

　　苹果树生长期间，喷施1—2次生物杀虫剂和生物杀菌剂，能有效防治果树鳞翅目的多种害虫和果树炭疽病、早期落叶病、轮纹病。用法和用量要按照使用说明书操作。

不见棺材不落泪

　　富岗公司有一个口号：敢让爹娘吃的苹果，才能出售给广大消费者。

　　早年，岗底村的果农防治害虫时，往果树上喷的都是有机磷农药，药效长，残留大，污染环境。2000年后，富岗公司推出绿色苹果生产，要求果农使用低毒、高效农药，经检测农药残留超过国家标准的，公司一律不收购。过了几年之后，富岗公司又推出有机苹果生产，提倡果农使用生物农药。生物农药低毒、无残留，作用迟缓，持效期长，对人、动物以及植物无害，也不会对环境造成污染。

　　故事就发生在2008年夏天。岗底村有位姓杨的老汉，和儿子一起承包了村里4亩苹果园。进了6月后，果园里发生了大面积红蜘蛛病害。要是过去，喷洒水胺硫磷化学农药，很快就能把红蜘蛛治下去。现在公司有规定，不能使用化学农药，只能使用生物农药。杨老汉和儿子把4亩苹果园打了一遍生物农药，第2天到果园去检查，发现红蜘蛛没死。第3天上午再去看，效果还是不理想。

　　杨老汉跑到公司生产技术服务部，说生物农药不顶事儿，治不死红蜘蛛。技术员告诉他说，生物农药和化学农药不一样，化学农药毒性大，红蜘蛛沾上就死。生物农药 3 天之后才能见效果，但药效长而且有的还能抑止害虫排卵，减少第 2 年的虫害发生。技术员接着又说，过去咱们治蚜虫，都是用化学农药乐果。现在用咱们山上长的苦参根泡水喷洒，照样能治蚜虫，并且无毒无害。

　　从生产技术服务部回来，杨老汉心里七上八下。他怕生物农药治不住红蜘蛛，使苹果产量受损失。杨老汉又一想，过去都是给苹果树打化学农药，也没药死过人，这次偷偷打一次，也不会出什么事。他把自己的想法告诉给儿子，儿子坚决反对。为此，父子俩还吵了一架。儿子临走时撂下一句话："你要打化学农药，我就和你把果园分开，各种各的。"

　　无巧不成书。刚和儿子吵了架，杨老汉就接到一个电话，说是他的一个亲戚打药中毒送到医院抢救。杨老汉急忙赶到医院去看望。原来，这位亲戚的苹果园里也发生了红蜘蛛危害，就赶忙喷洒水胺硫磷化学农药。由于这天下午天气闷热，没有一丝风，再加上没有防护好，造成了药物中毒。好在抢救及时，脱离了生命危险。

　　从医院里出来，杨老汉倒吸了一口凉气，头脑也清醒了许多。化学农药毒性太强，不仅害别人，还会害自己，说啥也不能往苹果树上喷了。杨老汉回到自家苹果园一看，喜上眉梢，红蜘蛛基本死光了。

第 71 道工序：预防雹灾

每年 5—9 月，要根据气象预报，及时用高射炮把带有催化药剂的弹头射入冰雹云，以达到防雹的目的。果园也可以设置防雹网，以减少冰雹对果园的危害。

鸟枪换炮

"鸟枪换炮"这个成语，形容情况或条件有很大的好转。用在岗底村的防雹工作上，那是最确切不过了。

岗底村位于太行山深处，由于地势复杂，气温差异较大，几乎每年都要下 2—3 次冰雹。冰雹成了果农生产的最大隐患。1992 年 5 月，苹果树刚刚坐果，一场冰雹把上千亩苹果砸了个精光。很早以前，下冰雹时，朴实的山里人家家户户敲洗脸盆，有的户还点鞭放炮，想把冰雹驱走。可老天爷不怕这一套，年年雹灾不断。

20 世纪 90 年代初，岗底村派人到邢台浆水学习制作防雹土炮技术。回来后，该村组织能人按"一硝二磺三木炭"比例制成火药，然后用牛皮纸卷成圆筒，上面装 4 两炸药，下面装 4 两火药，1 个雷管，2 厘米导火线，用无缝钢管做炮筒。第 1 枚土火炮制成后，他们拿到院子做试验，来了好多围观的人。胆大的王丰民把土火炮点燃后，放进了 1.5 米长的无缝钢管里，数十秒后，只见无缝钢管"突"的冒出一股烟，接着"轰"的一声巨响，土炮没上天，却把无缝钢管炸坏了。原来，王丰民心里紧张，把土炮装反了。后来经过几次试验，终于成功了。由于土炮打的高度只有 300 米，虽然起到了一定的防雹作用，但还是不够理想。岗底村的果农还是年年受到冰雹的"骚扰"。

2000 年，岗底村党支部书记杨双牛想尽办法，终于从市气象局租来了两门防雹高炮。鸟枪换炮，效果大不一样。他们成立了防雹高炮排，对炮手进行多次培训，并修建了高标准高炮阵地。每当冰雹来临之际，双炮齐鸣，驱散雹云，保护果树不受冰雹之害。

经过不断的钻研和实践，他们总结出了"黑云红梢子，必定下雹子；恶云伴黄风，冰雹来势凶；早晨露水大，后晌冰雹下"等上百条口诀和"六打两不打"的防雹要诀："一打云头阻云进；二打云腰斩两截；三打接云各击破；四打雷电交接处；五打云中翻滚处；六打黄风来袭处。不打好雨云，不打无雨云。"

自从有了防雹高炮后，岗底村再也没有发生过一次雹灾。他们生产的苹果果面光洁，没有冰雹留下的疤痕，果品质量明显提高。果农们把防雹高炮誉为"富岗苹果的保护神"。

第 72 道工序：扭枝

苹果树扭枝一般在 5 月上旬至 7 月底进行，方法是把叶片正面扭成朝下方向后将枝条固定即可。主要是扭旺树各骨干枝背上直立的枝组，使其斜下垂于有空的两边，以控长促花。

歪打正着

安增书和安保山是亲哥儿俩，是地地道道的岗底村村民。1993 年，哥儿俩承包了村里 3 亩果园。几年来，二人齐心协力，精心管理，苹果树长得枝繁叶茂，郁郁葱葱，谁人见了谁人夸。

1999 年 5 月，邢台市林业局技术员路和秀来岗底村搞培训，向果农传授推广苹果树扭梢技术。苹果树扭梢是一项简便易行的增产技术措施。扭梢就是对当年生长过多的强旺新梢枝不进行疏剪，而是适时扭下。这样既能控制营养生长，又能节省树体养分的消耗，促进生长，达到当年形成花芽，翌年结果的目的。同时，扭梢还能改善树冠内通风透光条件，提高结果率。扭梢的时间一般掌握在 5 月中旬至 6 月上中旬进行，当新梢长到 20—25 厘米时，从基部往上 6—10 厘米处于半木质化部位扭梢 180 度。老师台上讲得仔细，台下果农听得认真。

培训结束后，果农们回到自家果园开始对苹果树进行扭梢。安增书和安保山兄弟俩也参加了果农培训会，不知是没听明白，还是理解有误，别人扭的是树梢，他俩却把整条树枝扭了下来。河北农大果树专家李保国教授和岗底村技术员杨双奎到果园检查时，把这哥儿俩好一顿数落："叫你扭梢你不听，把枝扭了下来，还能成花吗？"此时，生米已做成了熟饭，说什么也不顶事儿了。

大约过了 1 个星期，杨双奎不放心让安增书和安保山兄弟俩扭下枝来的苹果树，于是偷偷到果园查看，发现果树并没有枯死。以后，杨双奎经常来观察扭枝后苹果树的生长状况。他发现苹果树扭枝后，削弱了枝条的输导能力，控制住了树势旺长，起到了促花结果的良好效果。同扭梢相比，这样不仅减少了扭梢数量，节省了劳动力，而且比扭梢更通风透光。

杨双奎把这一发现告诉了李保国教授，李保国教授大为惊奇，他查阅了大量技术资料，也没有找到有关苹果树管理中扭枝这一技术。后来，经过李保国教授和杨双奎不断地总结和完善，把扭枝技术写进了富岗苹果128 道标准化生产工序之中，并向社会推广，取得了良好的成效。

安增书和安保山兄弟俩歪打正着，创造了苹果树扭枝技术，填补了苹果树管理中的一项空白，取得了意想不到的效果。

第 73 道工序：扭梢

当新梢长到 20—25 厘米时，于半木质化部位扭梢，达到促进成花的目的。除主枝延长枝外一律扭梢，主要是扭背上部新梢。

教会徒弟　救活师傅

内丘县有个岗底村，邢台县有个岳子口，两村虽然相距百十里，但都属于八百里太行山脉。20 年前，在苹果树管理上，岳子口村是师傅，岗底村是徒弟，后来岗底村却成了岳子口村的师傅。

20 世纪 80 年代初期，岗底村劈山造田，栽种了数百亩苹果树。当时，由于山区信息闭塞，再加上人们的观念落后，苹果管理技术比较简单，无非是冬季剪剪枝，春季追追肥，夏季浇浇水，秋季摘摘果。到了 90 年代，岗底村的苹果树虽然进入了盛果期，但由于管理技术落后，苹果产量和质量都是一般般。

1994 年的春天，岗底村听说邢台县岳子口村对苹果树采用扭梢技术，控长促花，增加枝量，提高坐果率，感到很稀罕，就组织果农到百里之外的岳子口村参观学习。

苹果树扭梢技术在 20 年前还是苹果生产管理中的一项新技术。苹果树主枝拉开角以后，枝条上容易发出背上直立枝，背上直立枝生长旺盛，消耗营养多，并且造成树冠内膛郁闭，影响通风透光。为了使树冠枝条分布均匀，通风透光，充分利用空间结果，对那些有生长空间的背上直立枝或接近直立生长的营养枝进行扭梢，控制旺长，促进花芽分化形成，实现结果增产。

在岳子口村的苹果园里，技术人员介绍说，他们是从去年才开始扭梢的，已经取得明显效果。扭梢一般在 5 月下旬至 6 月上旬进行，当新梢中下部正处于半木质化时扭梢为宜。若扭梢过早，枝条细嫩，效果差；扭梢过晚，枝条已木质化，容易折断。

这时，岗底村的技术员问："扭梢后，基部萌发新梢怎么办？"

岳子口村的技术员回答说："当新梢长到 25 厘米以上时，继续扭梢，这叫逢梢必扭。"

从岳子口村参观学习回来后，果农王海林、王书林开始在自家果园扭梢。由于逢梢必扭，虽然控制了旺枝狂长，但也造成了枝系紊乱，一层一层的像老鸹窝。秋季摘果时发现，有不少苹果被扭过的枝条磨破，降低了果品质量。如果年年这样逢梢必扭，根本无法培养大枝条。培养不成大枝条，日后怎么更新结果枝组，提高苹果产量？

根据扭梢过程中存在的问题，岗底村的技术员经过反复试验，创造了扭梢加抹芽管理技术，即第 1 次扭梢后，基部萌发新芽时，立即抹掉。这样，既控制了辅养枝及主枝背上的直立新梢、竞争新梢，又减少了扭梢后新萌发枝条对树体营养的消耗，促进了花分化，又能培养出新的结果枝组，真是一举三得。

后来，岗底村的技术员把这项技术传授给岳子口村的果农，使他们受益匪浅。如果按他们过去的办法一年一年扭下去，就会形成树冠周围有果，树膛内因扭梢太多而无法结果的现象，而且也无空间培养新的结果枝组，产量永远也不能提高。岳子口村的果农感慨地说："都说教会徒弟，饿死师傅，俺们却沾了徒弟的大光。"

第 74 道工序：用促花王促花

将促花王粉剂用清水浸泡 12—24 个小时充分溶解后，搅匀即可使用，涂到环割口内，可以促进花芽形成。使用时要严格按照说明书操作。

聪明反被聪明误

岗底村有个老汉绰号叫"聪明二大爷"。在生产队里的时候，"聪明二大爷"身强力壮，十分好学，锄榜犁耙样样拿手，耩地扬场事事精通，是乡亲们公认的能耐人。

农村实行大包干后，"聪明二大爷"发挥自己的特长，把责任田拾掇得井井有条，成了闻名乡里的庄稼把式。他种的庄稼比别人家的长得好，收得也多。

到了 1997 年，"聪明二大爷"见别人承包果树发了财，自己也种了 2 亩苹果树。"聪明二大爷"仗着自己有两下子，在苹果树管理上很少求教别人。后来，村里实施富岗苹果 128 道标准化生产工序，经常召开果农会，推广先进管理技术，"聪明二大爷"也不经常参加。

2007 年 5 月的一天，村里召开果农会，推广使用促花王。促花王是根据我国北方落叶果树的生产特性，采用高新技术研制成功的果树阳离子活性剂。使用促花王，可促使苹果树的生长机能向生殖机能转化，不用环剥，就能孕育大量优质花芽并促进分化，多开花，多结果，省工省力。果农会上，技术人员把促花王的科学原理、适用范围、使用时间、使用方法、注意事项等，讲得一清二楚。"聪明二大爷"没有参加会，当然不明白。他见别人都在使促花王，自己也到生产资料门市买了两袋，比猫画虎地抹在了树上。到了第 2 年春天，苹果树开花的时候，"聪明二大爷"傻眼了。别人用了促花王后，苹果树枝头花儿朵朵向阳开，而他的苹果树却是星星点点闹枝头，一点儿作用也没起。

　　"聪明二大爷"心里真的糊涂了。同样的促花王，在别人家的果树上管用，在自家的果树上咋就没效呢？"聪明二大爷"爱面子，不好意思请教技术员，就让儿子去找技术员问个明白。原来使用促花王时，要先将 1 袋 50 克粉剂倒入瓶内，再加凉水 450 克充分搅拌，待 12 个小时后，粉剂充分溶解成有黏性乳液，才可使用。"聪明二大爷"没去开会不知道，加水后没等到充分溶解就用了，怪不得不顶事儿。

　　通过这桩事儿，"聪明二大爷"变了。他不仅按时参加果农会，还买来一些有关果树栽培管理方面的书籍，戴着老花镜认真研读，时不时搞个科学小试验。什么四季修剪、拉枝扭梢、疏花疏果，讲起来也是一套一套的。他管理的苹果树，也和当年种的庄稼一样，在村里是数一数二的。

第 75 道工序：主枝环剥或环割

5 月初对主枝进行环剥，剥口宽度为枝直径的 1/8，阻止营养短时间上下输送，促进花芽形成。环割时刀口对齐，深达木质部为宜。

张冠李戴　深受其害

太行山深处，有个白鹿角村。原先，白鹿角村是乡政府所在地，后来合乡并镇，白鹿角村划归侯家庄乡管，和岗底村成了一个乡。

20 世纪 90 年代末，内丘县侯家庄乡号召全乡学岗底，大力发展苹果树种植。白鹿角村有个村民叫白老堂（化名），在山上种了 3 亩苹果树，由于舍不得施肥浇水，又不懂管理技术，树势很弱，到了丰产期，亩产苹果不到 1000 公斤，比岗底村少 1500 多公斤。后来，白老堂听说岗底村的果农通过环剥技术，能使苹果树的营养生长向生殖生长转化，促进花芽形成，提高苹果产量和质量。于是，他比猫画虎，把 3 亩苹果树全部进行了环剥。

苹果树环剥作为一项促花措施，在生产中被广泛应用，对提高果树产量和果品质量起到了很大的作用。环剥主要是对那些进入结果树龄而长势偏旺，不结果或少结果的树，以削弱长势，积累光合产物，促进花芽分化。对树势较弱或有病的树进行环剥，将会适得其反，造成树势更弱或死树。

这在富岗苹果 128 道标准化生产工序中，说得很清楚，可白老堂只知其一，不知其二。

到了秋天，白老堂环剥后的苹果树不但没有多结果，还死掉了几十棵。白老堂一气之下找到富岗公司生产技术服务部，说："你们推广的苹果树环剥技术是狗屁技术，不但没有多结苹果，反而把树都给弄死了。"

服务部的技术人员一听，丈二和尚摸不着头脑，就倒了一杯水，让他慢慢说来。

听完白老堂的诉说，技术员明白了是咋回事，问他："你知道苹果树环剥的作用是啥？"

白老堂说："俺不知道，光知道能多结果，提高产量。"

技术员说："苹果树环剥后，能中断韧皮部和输导系统，阻碍叶片制造的光合产物向根系输送，使光合产物全部向生殖器官输送、分配和积累，起到控制树体生长、促进花芽形成的双重作用，可为来年丰产打下良好基础。"

白老堂越听越糊涂，不耐烦地说："你讲得太深，俺听不懂，你就说说环剥为啥把树剥死了。"

技术员只好耐心地解释说，苹果树生长需要两种营养，一种是树叶通过光合作用制造的营养，一种是地下的营养，比如水、肥和各种元素等，通过树根吸收后，经过树体木质部输送到苹果树的上部。但是，树根生长也需要两种营养，一种是土壤里的营养，一种是树上叶片通过光合作用制造的营养，这些营养是通过树皮送到树根吸收。因为环剥切断了树上的营养向根部输送，造成毛细根生长缓慢或不长，土壤里的病害就会危害根系，使根失去吸收作用，影响树的生长，严重时就会造成苹果树枯死。

白老堂说："既然这样，为啥还推广环剥？"

技术员说："环剥主要是针对那些长势偏旺的树，就是咱们老百姓常说的长疯了的树。你的苹果树本来树体就弱，根系也弱，所以环剥是雪上加霜，营养供不上，就会造成苹果树枯死。"

这下白老堂心里明白了，说："你们送我一份《富岗苹果128道标准化生产工序》，回去后我好好学学，再也不能张冠李戴了。"

临走时，技术员对白老堂说："根据你的苹果树情况，要多施有机肥，科学浇水，及时防治病虫害，把树体养壮了，再加上合理修剪，一定能提高产量。如果技术上有什么难题，可以随时打电话联系。"

"一定，一定。"白老堂高高兴兴地回家了。

第 76 道工序：环剥口缠纸条保护

苹果树环剥后，立即将剥口用纸条缠严加以保护，利于剥口愈合及防止病虫害侵染。

画蛇添足

传说楚国有个贵族，祭过祖宗后把一壶祭酒赏给前来帮忙的门客。一壶酒大家喝则不够，一个人喝则有余。于是有人提出在地上画蛇，谁先画好谁就喝这壶酒。有一个人最先把蛇画好，端起酒正要喝，突然想到还没画蛇脚，于是又画起来。另一个人画好蛇后把酒喝了，说道："蛇本来没有脚，你怎么给它添足呢？"

古人画蛇添足是真是假没有考证，下面这个故事可是真人真事。

1995 年，内丘县岗底村在技术人员的指导下，推广苹果树环剥技术。所谓"环剥"，就是在苹果树干基部的韧皮部横割两刀，取出韧皮部分，让木质部与韧皮部中间的形成层重新分生韧皮，临时切断光合产物向下输送的渠道，以削弱长势、积累光合产物、促进花芽分化，实现增产丰收的目的。

岗底村有位果农叫杨老能（化名），家里有 2 亩果园。到了这年 5 月份，杨老能按照技术员教的法子，开始给苹果树环剥，并按照要求将环剥口用纸条缠严，以防止风吹、日晒、雨淋和病虫害侵染，保证剥口按期愈合。

大约过了 1 个月时间，杨老能来到果园去掉环剥纸条，检查剥口愈合情况，发现大部分剥口没有愈合。他连忙下山找技术员求教，技术员告诉他，没有愈合的剥口改缠塑料条保护，过几天就能愈合。杨老能马上从家里找来了塑料条，把不愈合的剥口全部缠住。

又过了 20 多天，杨老能发现缠上塑料条的苹果树叶子发黄，接着又全部落去。他解开塑料布条一看，环剥口一点儿也没有愈合，有的树开始枯死。

看到这种情况，杨老能气不打一处来，就去找技术员论理。技术员来到果园检查环剥情况，问杨老能是不是环剥操作有问题。杨老能一听更急了，说道："都是按你们教的法子剥的，不信，我再试一次。"

说着，杨老能拿起工具开始操作。他在树干基部的韧皮部横割两刀，取出韧皮部分后，有意无意地用手在露出的木质部上摸了两把。技术员问他："你用手摸摸干啥？"杨老能说："我看剥得光不光。"技术员又问："每棵树都摸了？""大部分都摸了摸。"杨老能回答说。

"问题就出在这里，"技术员向老能解释说，"环剥后露出的木质部上有一层薄薄的形成层，你用手一摸就把形成层损坏了，所以环剥口无法愈合。"接着，技术员又说："过去嫁接苹果时，接穗用刀削好后，凡是用手摸过的，都不成活，这和环剥的道理一样，破坏了形成层。"

听完技术员的一番解释，杨老能心里十分后悔。他说："按照环剥操作程序，取下韧皮后用纸条封住就行了，我却用手摸摸看光不光，真是画蛇添足，弄巧成拙。"

古人画蛇添足损失的不过是一壶酒，杨老能损失的却是 2 亩果园。所以，现在岗底村的果农都是在主枝上环剥，即使环剥口没有愈合，只损失一个主枝，不会让整棵树枯死。

第 77 道工序：检查环剥口愈合情况

> 环剥 15—30 天后，去掉剥口纸条，检查剥口愈合情况，若剥口仍没有愈合，应采取补救措施。

大意失"荆州"

关云长大意失荆州，岗底村果农赵老汉的一次大意，差点儿毁了整个果园。

故事发生在 2005 年。赵老汉承包了村里 9 亩果园，有 360 多棵苹果树。这些苹果树正值盛果期，长得枝繁叶茂。进入 5 月份后，按照富岗苹果 128 道标准化生产工序要求，赵老汉把 360 棵苹果树全部进行了环剥，并用纸条把环剥口一一封住，以防甲口虫对环剥口的危害。

环剥是对苹果树树干环状剥皮，现在改成对主枝环剥，其方法是在枝干基部韧皮部横割两刀，取出韧皮部分，让木质部与韧皮中间的形成层重新分生韧皮，临时切断光合产物向下输送的渠道。此项措施主要是针对进入结果树龄，而长势偏旺、推迟结果的苹果树，以达到削弱长势、积累光合产物，促进花芽分化，实现高产、稳产之目的。

按照生产工序要求，环剥后 1 个月左右，去掉环剥口纸条，检查环剥口愈合情况。如果环剥口愈合不好或不愈合，应马上缠上塑料布保护，以促进环剥口愈合。赵老汉心里想，前几年环剥后没有出现啥情况，这次就不用再麻烦了。

1个月过去了，2个月过去了，到第3个月的时候，赵老汉总觉得自家的苹果树有点儿不对头。邻家果园里的苹果树新枝已长到30多厘米，叶片大而且肥厚；自家的苹果树新枝最长的不到10厘米，叶片小且又黄又瘦。又过了一段时间，赵老汉发现一多半苹果树出现了小叶病。有了小叶病，苹果树就很难成花，就是成了花，也坐不住果。这下，赵老汉心里发毛了。

赵老汉赶忙跑到富岗公司生产技术服务部，把技术员请来，看看苹果树出了啥毛病。技术人员经过仔细检查，发现赵老汉环剥后的苹果树，有30%的环剥口没愈合，40%的没有愈合好。环剥口不愈合，地下养分供应不上去，影响了树势生长。由于树势弱，又造成大面积小叶病发生。技术员问他为啥不及时检查环剥口愈合情况，赵老汉说："头几年都没啥事，今年我大意了。"技术员告诉他，今年由于天气干旱，水分不足，影响了环剥口愈合，再不采取措施，果园里的苹果树就会枯死。

听技术员这么一说，赵老汉脸都吓黄了，忙问："那该怎么办？"技术员告诉他，把愈合不好和不愈合的环剥口，用刀重新刮出新茬，再用塑料布缠住，如果还不能愈合，就得用桥接的办法，救活一棵算一棵。

由于赵老汉及时采取了补救措施，才没有毁掉整个果园。有5棵苹果树因桥接没有成功，全部枯死，可把赵老汉心疼坏了。打那儿以后，赵老汉在苹果树的管理上，再也不敢疏忽大意了。他严格按照128道标准化生产工序操作，一道都不敢少。

第78道工序：缠塑料条促伤口愈合

经检查发现不愈合或愈合不好的环剥口，用塑料条缠绕，以促进伤口迅速愈合。

自作聪明反受害

内丘县岗底村有个年轻人叫安有志，今年40来岁。

安有志原名叫安有福，安有福这个名字是他爷爷起的。安有志出生于20世纪70年代初，那时候正是"吃大锅饭"时期，农民一天8两指标，根本就不够吃，只好上山挖野菜，摘酸枣，同玉米面掺和着才能吃个多半饱。为了让孙子日后过上好日子，爷爷就给他起了个"有福"的名字。1990年，安有福考上了县中学，嫌安有福这个名字俗气，自己改名叫安有志，谐音"俺有志"。

安有志十年寒窗，连续两年参加高考，都名落孙山，只好回老家岗底村。当时，正赶上村里治理河滩地，全村男女老少起早贪黑，清理乱石，拉土垫地。安有志干了没两天，就累得起不了床。父母心疼他，就托人给他在县城找了个临时班，安有志干了不到一年就不干了。

在接下来的日子里，安有志倒卖过山货，开过超市，当过出租车司机，结果都半途而废，到了而立之年，还是一事无成。

2006年，安有志的父亲生了一场大病，从此身子骨一天不如一天，家里的 4 亩苹果园没人照管，安有志只好接过父亲肩上的担子，安心在家管理苹果园。

安有志觉得自己有知识、有文化，管理苹果树那还不是小事一桩？！教授来讲课他不认真听，果农会他不愿意参加，《富岗苹果 128 道标准化生产工序》他也不仔细看。父亲说他，他不服气，说："网上啥都有，鼠标一点知天下。"

这年 5 月初，到了给苹果树主枝环剥的时候，安有志翻开《富岗苹果128 道标准化生产工序》扫了一眼，上面写着"5 月初对主枝进行环剥，剥口宽度为枝直径的 1/8，将剥口用纸条缠严。1 个月后，去掉环剥口纸条，环剥口不愈合的再缠塑料条保护"。看到这里，安有志笑了，这不是多此一举吗？直接缠上塑料条不就得了，干吗还先缠纸条？

苹果树环状剥皮简称"环剥"，就是在枝干基部韧皮部横割两刀，取出韧皮部分，让木质部与韧皮部中间的形成层重新分生韧皮，临时切断光合产物向根部输送，提高剥口以上枝条的营养水平，以促进花芽分化，有利于第 2 年开花结果。用纸条缠住环剥口，是延长韧皮再生时间。1 个月后，环剥口没愈合，就必须缠上塑料条促进愈合。安有志一开始用塑料条，环剥口很快就愈合了，根本起不到防止营养向根部输送的作用，影响了花芽分化。安有志自作聪明，反受其害。

第 79 道工序：防治棉蚜

在 5 月中旬、8 月下旬至 9 月上旬，喷施苦参碱 1000 倍液，可有效防治苹果棉蚜。注意喷药时要均匀喷施，不漏枝叶。

果为媒

2008 年 4 月中旬的一天上午，富岗公司生产技术服务部的经理杨双奎的手机响了，来电显示是唐山的一个陌生号码，这几年来经常有外地的果农向他咨询富岗苹果 128 道标准化生产工序，杨双奎就接了起来。

"你好，我是唐山迁安市林业局，听河北农大李保国教授说你们给苹果套袋好几年了，今年我们也想给苹果套袋，但是不知道从哪里买袋，请帮忙。"

一听说是李保国教授介绍的，杨双奎心里感到近了许多，忙说："我们都是从泊头购买的纸袋，那里有好几个生产厂家，质量不一样，价钱也不一样。"

对方又说："那你能详细介绍一下吗？我们是第 1 年给苹果套袋，心里没底。"

杨双奎沉思了片刻，说："我们最近准备去泊头订货，到时候给你打电话，咱们在那里见面，一起订货。"

对方高兴地说："那太好了，咱们在泊头不见不散！"

1个星期后，双方在泊头见面了。经介绍，那天给杨双奎打电话的是迁安市林业局主抓苹果生产的副局长"老黑"，黑局长与杨双奎一见如故，两人从"京东"板栗谈到富岗苹果，从树苗栽培谈到后期管理。当谈到富岗苹果128道标准化生产工序时，黑局长如获至宝。他说，迁安市有上万亩苹果树，已进入盛果期，由于管理跟不上，苹果产量低、品质差，卖不上好价钱，果农收入上不去。为此，唐山市委、市政府每年拨给林业局资金，专门用来对果农进行技术培训。黑局长见到杨双奎，就像见到了救星，再三恳请杨双奎到迁安，对果农进行技术指导。杨双奎请示公司领导后，爽快地答应了。

大约过了1个月，杨双奎带着富岗公司生产技术服务部的技术员，如约来到迁安市林业局。黑局长陪着杨双奎他们走乡串村，对果农进行技术指导。

在张庄村的果园里，杨双奎发现苹果树上有许多苹果棉蚜，就问果农为啥不打药除治。果农回答说："俺也不知道这叫什么虫，好几年前就有了，打药也治不下去。"杨双奎告诉他说，这叫苹果棉蚜，专门吸食树体液汁。因为虫体外有一层蜡质白絮状物体，一般农药杀不死。接着，杨双奎向他们介绍了果园管理的几条措施：（1）冬季修剪，彻底刮除老树翘皮，修剪虫害枝条、树干，破坏和消灭苹果棉蚜栖居、繁衍的场所；（2）树干涂白；（3）施足基肥，合理搭配氮、磷、钾比例；（4）适时追肥，冬季及时灌水；（5）苹果园里避免混栽山楂、海棠等果树，并铲除山荆子及其他灌木和杂草，保持果园清洁卫生。

"那眼下怎么办？"在场的果农焦急地问。

杨双奎说："现在马上喷施苦参碱1000倍液，可有效杀死棉蚜。苦参碱属于生物碱，不是化学农药，完全符合绿色食品生产标准。"送走了杨双奎，果农们立即买来了苦参碱1000倍液，对果树进行喷施。

赵庄村有300亩苹果树，已进入丰产期，可每年除了树尖上有几个苹果外，其他地方不开花、不结果。杨双奎一打听，原来这些苹果树都是靠自然生长。树膛内徒长枝太多，不通风，不透光。杨双奎向果农传授了拉枝、扭梢、环割技术，并亲自示范。他对果农打保票说："如果按这些方法去管理苹果，明年保准是满树花满树果。"

当来到小王庄村时，果园里的果农正在给苹果套袋。杨双奎见他们套袋的方法不对，就告诉果农"套袋前要用手先把纸袋撑开，不撑开直接套上去，纸袋紧贴果面，容易烧果"，并手把手教果农套袋，直到他们掌握了要领后才离去。

一连几天，杨双奎和技术员起早贪黑，四处奔波，为果农讲管理、传技术，有时回不了市里，就住在村里老百姓家。杨双奎心里想，整天这样跑来跑去，太费时间，不如把果农召集到一起，进行现场培训。黑局长立即让局里下通知，在小王庄村召开果农会。

林业局通知了60名果农，结果一下子来了300多人，果园旁的公路上停满了小汽车、拖拉机和三轮车。唐山市电视台也专门派来记者录像。从上午9点开始，杨双奎根据富岗苹果128道标准化生产工序，从整地、选苗到修剪、治虫，从施肥、浇水到刻芽、拉枝，整整讲了3个小时。有的果农听不明白，他就现场做示范；有的果农提出问题，他当场解答。到了吃午饭的时候，参加培训的果农还不愿意离开。特别是张庄村的果农告诉杨双奎说："俺们的苹果树按你说的法子喷施了苦参碱1000倍液后，很快就治住了棉蚜，今天说什么也得请你吃顿饭！"杨双奎婉言谢绝了他们的宴请。

第2年秋天，到了苹果采摘的季节，黑局长给杨双奎打电话报喜说："通过上次的技术培训，果农们在苹果树管理上大见成效，预计苹果总产值能比上年增长1倍。"

后来，杨双奎应邀又去了几次迁安市，不管到哪个村，果农都把他当亲人。特别是黑局长，和杨双奎成了好朋友，经常打电话问候，逢年过节还互发短信祝福。每当提起这些，杨双奎总是说："俺是沾了苹果的光。"

第80道工序：防治苹果圆斑病

苹果套袋后喷施200—240倍倍量式波尔多液2—3次，并和其他杀菌剂交替使用，能有效防治苹果褐斑病、灰斑病、圆斑病等早期落叶病。

"没问题"有了问题

内丘县岗底村有个小伙子，是个热心人。乡亲们只要有事找他帮忙，不管办成办不成，他头一句话都会说："没问题。"时间一长，乡亲们就给他送了个绰号"没问题"。

2006年夏天，"没问题"被摩天岭村聘为苹果管理技术员，月薪3000元，把他高兴得合不拢嘴。

原来，摩天岭村有3户农民合伙治理荒山，栽种了70亩苹果树。苹果树进入盛果期后，叶片上出现一些圆形斑点，褐色，边缘清晰，直径4—5毫米，与叶健部交界处呈紫色，中央有一黑色小点，到了7月就开始落叶，秋天二次萌发长新枝，造成苹果产量低、质量差，卖不上好价钱，年年赔本。3户农民一合计，把70亩苹果园承包了出去，每年不用投入，就赚个承包费。这个承包单位也不懂得苹果树管理技术，只好托关系，在岗底村聘请技术员，这个美差就让"没问题"赶上了。

承包单位的负责人对"没问题"说："俺这里的苹果树没别的毛病，

就是一到 7 月份就落叶，你能想办法让它不落叶吗？"

"没问题"回答说："没问题！"

其实，摩天岭村的苹果树得的是圆斑病，属于苹果早期落叶病的一种。果树受害叶片发生斑点坏死，严重时造成早期落叶，果实品质下降，花芽减少，严重削弱树势、降低产量，是果树生长期必须重视防治的主要病害之一。圆斑病一般在 5—6 月间开始发病，幼嫩叶片最易受病菌感染，多雨潮湿的天气容易造成病害流行。壮树发病轻，弱树发病重，地势低洼或排水不良的果园发病重。因为摩天岭村的果园在神峪沟底，地势低洼，所以发病比较严重。

"没问题"虽然在岗底村也管了几年果园，但学艺不精，在苹果树修剪方面还说得过去，在防治病虫害方面，还欠点儿火候。"没问题"连忙从家里找来《富岗苹果 128 道标准化生产工序》，一页一页地查找，一道一道地对照，终于找到了第 108 道工序：7 月下旬喷倍量式波尔多液杀菌，防治苹果树褐斑病、灰斑病、圆斑病等早期落叶病。"没问题"如获至宝，高兴得差点儿蹦起来。可转念一想，又愁上心头。"什么是倍量式波尔多液？"他心里不清楚，"没问题"有问题了。

经过再三掂量，"没问题"不得不向富岗公司生产技术服务部的技术员请教。技术员告诉他："倍量式波尔多液就是 1 公斤硫酸铜 +0.5 公斤生石灰 +120 公斤水混合而成的液体，配置液体时千万别把比例搞……"技术员的话还没说完，"没问题"就把电话挂了。

"没问题"立即派人从县城买来了硫酸铜和生石灰，配置好后，马上就给苹果树喷了一遍。过了几天，摩天岭一带接连下了两场雨。雨停后，天气又闷热又潮湿，"没问题"来到果园查看。不看不要紧，一看吓一跳。

原来喷过倍量式波尔多液后，果树叶片上又生出了斑点。

"这是咋回事？""没问题"又有问题了。他连忙给富岗公司生产技术服务部的技术员打电话说："你们教的法儿不顶事，喷了以后又出现了圆斑病。"技术员不相信，专门跑到摩天岭苹果园实地查看。技术员有些纳闷，喷上去的倍量式波尔多液应该发蓝发白，可叶片上残留的药液是纯白色的，就问"没问题"："你是按照啥比例配的药？""0.5 公斤硫酸铜 +1 公斤生石灰，再兑 120 公斤水。""没问题"脱口而出。"错了，你把比例搞反了，应该是 1 公斤硫酸铜 +0.5 公斤生石灰 +120 公斤水。"技术员接着说："你这次是加了 1 公斤生石灰，如果加 1.5 公斤生石灰的话，不但治不了圆斑病，还会把树叶烧掉。"听了这话，"没问题"羞愧地低下了头。技术员说："马上按正确比例配药，再打一遍，把病害降到最低程度。""没问……""没问题"话说了半截又咽了回去。

知错能改，善莫大焉。"没问题"认真学习钻研苹果病虫害防治技术，还报考了邢台农校果树栽培管理中专班。经过几年刻苦学习，"没问题"在苹果树栽培管理和防治病虫害方面，真的没问题了。

第81道工序：过长梢重摘心

　　5月底至7月上旬，对长度30厘米的新梢，有空间的地方可剪除其长度的2/3，以控制枝条旺长，培养结果枝组。

"李鬼"撞见了"李逵"

　　李鬼和李逵都是《水浒传》中的人物，他们的故事家喻户晓，这里说的是当今的李鬼和李逵的故事。

　　内丘县岗底村的果农，自从按照富岗苹果128道标准化生产工序管理果园后，所生产的苹果色泽鲜艳，酸甜可口，细脆无渣，成了市场上的抢手货，特级果卖到了100元1个。从此，富岗苹果名声大振，岗底村的果农也成了人们眼中的香饽饽，经常有人请他们去讲课、办班和指导苹果树管理。

　　话说岗底村果农杨老魁（化名）去邢台办事，回来时路过一个苹果园，见有不少人聚在一起，不知出了啥事，就把小车停到路旁，过去看个究竟。

　　来到现场，杨老魁见一个年轻人正在讲苹果摘心技术。他问身旁一位老汉："这是从哪里请来的技术员？"老汉回答："听说是内丘县岗底村的。"一听说是自己村里的人，杨老魁心里一惊，仔细看了看，咋不认识？他心里想，岗底村不大，大人小孩儿加起来也就六七百口子，没有自己不熟的，看来此人是"冒牌货"。过去曾听说有人冒充岗底果农到外村传授苹果管理技术，杨老魁还不相信，这回真的让自己撞见了。

杨老魁不动声色，继续听那个年轻人讲苹果树摘心管理技术，看看他到底有多大道行。

苹果树摘心就是摘掉果树新梢的嫩尖，以缓解顶端优势，抑制某些枝条的过旺生长，防止冒出过多的徒长枝，以节约树体营养，稳定树势，调节光照，促进成花，提高产量。摘心必须在新梢每次生理停长前进行，即5月中旬、7月中旬和9月中旬。

年轻人讲完苹果树摘心的时间、方法和好处后，下面有人提问："为什么新梢去掉顶尖后就会形成花芽？"

"因为，因为……"年轻人回答不上来。

"我来告诉你，"杨老魁跨前一步说，"因为苹果树的新梢生长主要依靠赤霉素，而赤霉素主要存在于枝条的顶尖与幼嫩的叶片中，乙烯存在于叶腋间。因此，通过摘心去叶，大量的赤霉素被去掉，顶端不再延伸生长。而不断向上输送的有机营养就会被分散到后部的芽体中，使得叶芽膨大，叶腋间的乙烯相对增多，在营养平衡、树势稳定的前提下，自然容易形成花芽。"

杨老魁话音一落，下面响起一片掌声。

这时又有人提问："过去俺也采取过摘心措施，可没过几天为啥又开始生长？"

杨老魁说："新梢嫩尖被摘除后，存在于幼嫩叶片中的赤霉素又向顶端输送，才造成新梢继续生长。所以说，在摘心的同时，还必须再去掉几片嫩叶，才能有效缓解顶端优势。如果光摘心不去叶，就不得不多次摘心。"

有人问："你是哪里的？俺咋不认识你。"

杨老魁回答说："俺是内丘县岗底村的杨老魁！"

众人一听又来了一个岗底村的，再去找那个年轻人时，年轻人早已不见踪影了。"刚才那个年轻人不是你们岗底的吗？"有人问。杨老魁回答说："俺不认识。"

有人打趣说："这不成了李鬼撞见了李逵吗？"众人"哄"的一下笑了。

有人问杨老魁："听说你们岗底村按富岗苹果128道标准化生产工序管理苹果，和工厂里工人生产标准件一样，是真的吗？"

杨老魁自豪地说："富岗苹果128道标准化生产工序从整地到栽种，从修剪到采摘，从追肥到浇水，从防病到治虫，都规定得清楚明白，只要照着上面要求的去操作，苹果保准年年大丰收。"

有一位村干部模样的人问："我们可以组织果农去你们那里参观学习吗？"

杨老魁爽快地回答说："没问题，管吃管喝。"

看天色不早了，杨老魁起身要走，众人一直把杨老魁送到公路上的小车旁，直到杨老魁的小车开出了老远，他们才慢慢散去。

第82道工序：幼果速生期灌水

每年5月份，苹果树进入幼果速生期，要根据土壤墒情及自然降雨量，灵活掌握浇水量和浇水次数，促进幼果发育。

少浇1次水　苹果"咧了嘴"

苹果树从萌芽到采摘，一共要浇几次水？富岗苹果128道标准化生产工序有明确规定：萌芽水、花后水、幼果速生期水等共有5次。什么时候浇水，浇多大水量，都有一定的科学道理。谁要不相信，保准吃亏。

内丘县岗底村有位老果农叫安守己（化名），此人思想保守，观念落后，对新生事物很难接受，再加上脾气又倔，常常不碰南墙不回头。

安守己在村后山上有6亩苹果园，树龄15年，正是盛果期。2004年初，富岗公司推出富岗苹果128道标准化生产工序，要求果农严格按照128道生产工序管理苹果树。对这事儿，安守己一时接受不了，说种个苹果哪来的这么多条条框框，过去没有这些生产工序，树上不是照样结苹果吗？

到了5月中旬，按照富岗苹果128道标准化生产工序要求，这时该给苹果树浇灌幼果速生期水了。安守己心里想，春节后浇了萌芽水，不久前又浇花后水，现在又要浇水，是不是浇得太勤了。当时，浇1亩苹果园要花费40元，安守己心疼，就省下了这240元。

　　1 个月后，该给苹果套袋了，安守己领全家人来到果园，还请来了几个亲戚帮忙。望着挂满枝头绿油油的小苹果，安守己心里美滋滋的。少浇了 1 遍水，省了 240 元，苹果树不是照样长势很好吗？套完袋，果园里的活儿少了，安守己就到外地打工去了。

　　一晃 3 个月过去了，该给苹果摘袋的时候，安守己急急忙忙从外地赶回来。岗底村果农给苹果套的都是双层袋，第 1 次先摘除外袋，一星期后再摘除内袋，主要是为了防止阳光灼伤果面。当摘除内袋时，安守己发现苹果梗洼处有许多裂纹。他不相信自己的眼睛，一连又摘了几个内袋，几乎每个苹果的梗洼处都有裂纹。安守己一下子瘫坐在地上。他心里清楚，梗洼处的裂纹严重影响了果面质量，降低了果品的商业价值，公司不收购，只能贱卖给小贩，这下可要赔大了。

　　安守己赶忙下山，把富岗公司生产技术服务部的技术员请到了果园里。技术员告诉他："这叫苹果裂纹病，是幼果期干旱缺水导致的生理病害。"技术员接着说，幼果速生期是果树需水需肥的关键时刻，如果缺水会严重影响果皮细胞发育，排列不均衡。一到雨季，果肉细胞迅速分裂膨胀，与果皮组织发育不同步，就会出现断裂现象，形成裂纹病。富岗苹果 128 道标准化生产工序中的第 66 道工序"幼果速生期灌水"，就是为了防止裂纹病发生的。

　　听了技术员的一番讲解，安守己叹了一口气，心里暗暗地说："早知今日，何必当初！不怨天，不怨地，都怨自己太固执。"从此，安守己再也不敢和富岗苹果 128 道标准化生产工序较劲儿了。

第83道工序：防治螨虫

每年5月下旬到6月上旬，利用0.2波美度石硫合剂和粘虫胶防治螨虫危害。在给苹果树喷施0.2波美度石硫合剂时，不可随意加大药液浓度；使用粘虫胶时，先将粘虫胶涂抹在硬纸片或塑料布上，然后裹在树干光滑处，上下用胶条固定即可，严禁将粘虫胶直接涂抹在树干上。

听人劝　吃饱饭

俗话说："听人劝，吃饱饭。"岗底村一位果农，就是因听取别人的意见而得到了实惠。

故事发生在20世纪90年代末。岗底村有个果农叫杨老蔫儿，别看人长得蔫儿，头脑却很聪明，在苹果管理上有一套。杨老蔫儿的果园边上有一条土路，路对面有一个果园，果园的主人绰号叫"二晃荡"，有"一瓶子不响，半瓶子晃荡"之意。两个人的果园挨着果园，又是邻村，熟识了之后，经常开玩笑。

每年一开春，杨老蔫儿按照技术员教的法儿，在苹果树干上抹一圈黄油或粘虫胶，防治害虫草履蚧。说到这个草履蚧，还得多交代两句。草履蚧，俗名"树虱子"，主要危害苹果、核桃、柿子、桃、杏等树种。立春以后，随着气温的升高，草履蚧开始孵化，大约2月底、3月初从地下钻出来危害果树，主要刺吸嫩枝芽、枝干的汁液，致使芽不能萌发，或发芽后的幼叶干枯死亡，削弱树势，影响苹果的产量和质量，重致枯死。

这天，两人在果园见面了。"二晃荡"笑着说："兄弟，又在给苹果树膏油了。"杨老蔫儿一本正经地说："老兄，你膏膏油吧，要不树虱子上来你哭都来不及。""你别吓唬我了，我是老虎拉磨——不听你那一套！"说完，"二晃荡"扬长而去。

说来也巧，这年的春天气温比较高，树虱子繁殖快，危害十分严重。由于杨老蔫儿年年防治，树虱子的卵和若虫比较少，成虫后刚爬上树干就被黄油或粘虫剂粘住，动弹不得，过几天就死了。"二晃荡"的果园就不一样了，平时不注意防治，现在却成了灾。树干上、枝叶上，到处爬满了树虱子。早年都是用剧毒农药喷杀，现在推广高效、低毒、低残留农药，剧毒农药早不生产了。"二晃荡"只好全家老少齐上阵，用塑料布裹在手上，顺着树干、树枝往下捋，黄汤子顺着树干朝下流，看了都让人恶心。杨老蔫儿心眼儿好，也主动前来帮忙，闹腾了好几天，才把树虱子治住。

这年秋天，杨老蔫儿的苹果获得大丰收。"二晃荡"的果园减产一半多，结出来的苹果个头儿小，果面也不光滑。"二晃荡"笑不起来了，感慨地说："听人劝，吃饱饭。没听杨老蔫儿的话，吃亏在眼前，教训哪！"

后来，"二晃荡"在果树管理上虚心向杨老蔫儿请教。杨老蔫儿也不留后手，把自己的本事全掏了出来。从此，两人成为好朋友，经常走动。"二晃荡"在杨老蔫儿的指导下，把果园管理得井井有条，收入一年比一年多，成了村里的富裕户。

第84道工序：清理果面

落花后1—2周内，对幼果果面喷施生物杀虫剂和生物杀菌剂进行清理保护。严禁喷施对果面有伤害或有刺激的化学制剂。

不该发生的故事

近年来，富岗公司生产技术服务部的技术员经常走村串户，推广富岗苹果128道标准化生产工序，义务为果农提供技术服务，受到了人们的敬重和赞扬。但是，在推广过程中，也难免碰上不愉快的事，发生不该发生的故事。

邢台县有个军刘庄村，村里有个果农大家都叫他"刘二愣"。刘二愣少年时期就天不怕地不怕，是周围村有名的孩子王。有一年，黄鼠狼偷他家的鸡，被刘二愣一把摁住。黄鼠狼扭头咬住了刘二愣的手，二愣张嘴就咬住了黄鼠狼的头，一直把黄鼠狼咬死才松口。村里人知道后都说："真是个二愣子。"

1995年，刘二愣和村里的十几户村民在承包地里种上了苹果树，由于管理不到位，苹果产量低、质量差、收益少。后来，他们从报纸上、电视里看到内丘县岗底村的苹果卖到100元1个，每亩苹果树收入近2万元。于是，他们就托人从富岗公司生产技术部请来了两名技术员，到村里进行技术指导。

2000年5月的一天，两名技术员来到军刘庄村后，先到果园查看了一番。根据管理中存在的问题，技术员把他们十几户召集起来，进行技术培训，果树应怎样修剪，怎样拉枝刻芽，什么时间疏花疏果，什么时间浇水追肥，技术员都进行了详细的讲解。当时，正赶上给苹果套袋的季节，技术员就给他们讲，苹果套袋后不仅能有效减少农药污染，预防病虫危害，更重要的是能使果皮细腻亮洁，着色均匀，色泽艳丽、美观，提高商品价值，增加经济收入。听说套袋有这么多好处，他们都当场表示今年就开始套袋。

富岗公司生产技术服务部的两名技术员立即打电话，叫人送来了10万个苹果袋。在苹果园里，技术员手把手教他们怎么套袋，直到他们学会为止。技术员再三嘱咐他们，根据富岗苹果128道标准化生产工序，套袋前必须喷施生物杀虫剂和生物杀菌剂清理果面，以防病虫害在袋内滋生，无法防治。但是硫酸亚铁和硫酸锌，套袋前千万不能使用，必须使用时，也要等到套上袋以后再用，以免使果面产生药害，影响果品质量。

富岗公司的技术员走后，军刘庄村的果农就各自回到自家果园里，准备给苹果套袋。刘二愣发现自家果园里的苹果树有一些叶子发黄，而叶脉却是绿的，形成网状，他就跑到镇上的生产资料门市部去咨询。门市部的老板告诉他，那是苹果树缺铁造成的，回去喷施一遍硫酸亚铁，保证黄叶变绿叶。

把硫酸亚铁买回来后，刘二愣打算在套袋前，把杀虫剂、杀菌剂和硫酸亚铁掺到一起喷施，这样又省工又省力。可是他一想，技术员说过套袋前不能喷施硫酸亚铁，但硫酸亚铁是微肥，又不是毒药，能有啥事？喷了再说。喷完药，套上袋，刘二愣就等着收苹果了。

4个月过去后，到了给苹果摘袋的时间。刘二愣把袋摘下来一看，差点儿晕过去。原来，苹果果面上布满了斑点。偏巧邢台县有一个生产苹果袋的小老板，因富岗公司不用他的工厂生产的苹果袋，双方产生了隔阂。一听说刘二愣用的是富岗公司送来的苹果袋，马上找到刘二愣家挑拨说，这是苹果袋质量差造成的，让他们赔偿。刘二愣本来就在气头儿上，也没多想，就把账记在了富岗公司头上。

先前，富岗公司与军刘庄村的十几户果农有约定，只要苹果达到富岗公司的质量标准就按公司价格收购。当公司的车来到军刘庄村拉苹果时，被刘二愣截住了不让走，非要富岗公司赔偿损失不可。乡亲们看不上眼，对他说："俺们也是用了他们的袋，都没事。你的苹果出现斑点是打硫酸亚铁造成的。"刘二愣的愣劲儿上来了，谁劝也不顶用，有人就背地里把他哥找来，说明了情况。

俗话说："卤水点豆腐，一物降一物。"刘二愣谁也不服，就服他大哥。一见大哥来了，刘二愣就心虚了，只好偷偷地溜走了。

第 85 道工序：准备套袋包

> 套袋包是果农给苹果套袋的专用工具，质量与功能直接关系到果农套袋的功效。苹果套袋前，要仔细检查，该缝补的缝补，该更新的更新，不打无准备之仗。

套袋包的衍变

说起套袋包来，许多人不知为何物，其实就是苹果套袋时果农用来装纸袋的包。别看套袋包不起眼，它却直接关系到果农套袋的功效。套袋包经过十几年的衍变，凝聚了岗底村果农的智慧和心血。

1997 年，岗底村的果农开始推广苹果套袋技术。套袋时需要两只手操作，他们只好把袋放到地上。套完一个，弯腰从地上捡起一个接着套，很不方便。于是，不少果农就把纸袋子揣在怀里，下面用绳子捆住，这样不用弯腰从地上捡袋子了，套袋的速度也快了，一天能套三四百个，而且劳动强度也小了。

苹果套袋都是在 6 月中旬，人们穿的衣服比较单薄，怀里揣纸袋对于男果农来说没啥事，对女果农来说就有点儿难为情了。有个女果农就用塑料编织袋缝了一个包，上面有个挎带，套袋时把纸袋装在包里，挂在脖子上，使用起来很方便。这个包就是套袋包的雏形，岗底村的果农一直用了好几年。因塑料编织袋容易老化，后来改为布包。

　　这种用布做的套袋包也有缺点，套袋中有时要弯腰，挂在脖子上的套袋包来回晃荡，在树上套袋时还常常被树枝挂住或碰掉幼果。于是，又有人对其进行了改良。他们在布包中间缝上两根带子，往腰上一捆，一下子把来回晃荡的套袋包固定住了。

　　给苹果套袋的季节，也是果农最紧张的时候，一天要劳动 12 个小时。1 把纸袋 100 个，1 斤多重，包里最少装 2 把，加起来有 3 斤重。时间一长，感到勒脖子，套一会儿就得休息一会儿。2014 年，杨双奎从双肩包受到启发，又对套袋包进行了改良。把原先 1 根带改为 2 根带，由挂在脖子上变成挎在两个肩膀上。一下子解决了勒脖子问题，大大减轻了劳动强度，加快了套袋速度。一个人每天套袋由 800 多个提高到 1500 个，最多的一天能套 2000 个。

　　2017 年 7 月，杨双奎和梁国军应邀到承德市滦平县指导苹果树管理。路过一个果园时，见果农正在给苹果套袋，就对县林业局的技术员刘玉华说："咱们过去看看吧！"杨双奎来到一个正在套袋的果农跟前，见树下放着一个手提包。只见那个果农套完一个袋，弯腰从包里掏出一个接着套，和当年自己村的果农做法差不多。杨双奎弯腰打开手提包一看，里面的纸袋都是湿的，袋和袋都粘在了一起。杨双奎问："纸袋为什么都是湿的？"果农回答说："村里技术员让我们沾一下水，这样纸袋口就软了，套袋时好操作。"杨双奎告诉他们："十多年以前生产的纸袋比较硬，套袋时用水湿一下好往苹果上套，现在生产的纸袋比较柔软，根本不需要湿水了。湿水后纸袋粘在一起不好弄，影响套袋速度。"说着，杨双奎把纸袋从手提包里掏出来晾在地上。

　　杨双奎又问："你们都是用手提包当套袋包？"果农说："用啥的都

有，提包、书包、篮子，还有的用三合板订成盒子挎在胸前装纸袋。""那你们一天能套多少袋？""多的 200 个，少的 100 个。"

一旁的县林业局技术员刘玉华告诉杨双奎，滦平县的果农最近几年才开始推广苹果套袋技术，果农没有专用套袋包，所以五花八门用啥的都有。杨双奎说："我们岗底村的果农早已用上了专用套袋包，既方便又实用，果农一天能套 2000 个袋，回去后，给你们寄个样品来，如果好用就向果农推广。"刘玉华高兴地说："那太好了，我代表滦平县的果农谢谢你！"

后来，滦平县的果农也用上了和岗底村一样的专用套袋包。

第 86 道工序：套袋

> 苹果套袋可防治病虫害和农药及灰尘污染，利于苹果提高表面光洁度和着色。苹果套袋时间宜在落花后 35—40 天开始，10—15 天结束。套袋方法：先撑开袋子，幼果要悬于袋中，不能碰伤果柄和幼果，袋口折叠应在纵切口的背面，并要扎严扎紧。套袋顺序为先树上后树下，先树内后树外。

苹果"穿衣裳"

"苹果穿衣裳，好看又漂亮，价钱卖得高，票子存银行。"这几句顺口溜，是岗底村老实巴交的果农杨会春十几年前编的。

1997 年 5 月 19 日上午，杨会春早早来到自家的苹果园，望着挂满枝头的苹果，喜出望外，今年又是一个丰收年。

这天，杨会春刚到地里干活，突然听到村里的高音喇叭广播："全体果农，马上到村办公室开会。"杨会春放下手中的活计，急忙下山往村里赶。由于杨会春的果园离村子比较远，当他赶到村办公室时，其他果农早已赶到。他看到有不少陌生人也在场，一打听，原来那些陌生人是河北农大的教授和县林业局、科技局、农业局、科协的技术员。

开会了，村党支部书记杨双牛说，今天把大伙儿召集来，是推广一项苹果套袋技术。苹果套袋有什么好处，一会儿请专家给大家讲。今年，咱村专门从外地购来 16 万个套袋，1 个一毛八分五，今天免费发给大家，谁想要多少拿多少。

接着，河北农大教授李保国开始介绍苹果套袋的好处。比如，苹果套袋后能防治病虫害，能防止农药对苹果的直接污染，还能提高果面的光洁度、着色度，保证果品质量，等等。

坐在台下的杨会春听了，心里一直在敲小鼓："苹果套上袋，不见太阳，还能长吗？"散会后，果农们开始领套袋。杨会春心想，领袋就领袋，反正不要钱，不领白不领，先领400个试试。如果不中，明年不套了。村里一共购来16万个套袋，结果只发下去8万个，其中杨双奎一人要了4万个。

果农们领完果袋之后，省里、县里来的技术员来到每个果园现场指导。

县科技局女技术员南燕（现任内丘县科协主席）来到杨会春的果园，亲自给杨会春做示范。杨会春手笨，怎么也套不上，后来终于套上了一个，结果还把苹果弄掉了，杨会春别提多心疼了。但他心里明白，上级不会坑老百姓，既然让套袋就有一定道理。于是，他继续学，终于掌握了苹果套袋技术。杨会春的哥哥是个聋哑人，他耐心地把套袋技术教给哥哥和家里人。一家人忙乎了3天，才把400个纸袋套完。

"不见兔子不撒鹰"，这是形容老百姓讲实际的一种心态，杨会春也不例外。纸袋虽然套上去了，但杨会春的心却没放下。俗话说："耳听为虚，眼见为实。"杨会春和其他果农的心情一样，忐忑不安。

终于等来了苹果收获的季节。从苹果品质上看，套袋的苹果果形周正，色泽鲜艳，含糖量高，口感好。从价格上看，套袋的特级苹果，公司收购价每公斤5.4元，不套袋只能卖到3元。一级苹果，套袋的4.6元1公斤，不套袋的2元钱公司还不想收。杨会春算了一笔账：套袋与不套袋，1亩果园收入差3000多元。他家5亩果园就少收入15 000元。杨会春后悔死了。

第 2 年，到了给苹果套袋的季节，村里做出决定：果农谁给苹果套袋谁自掏腰包。没想到的是，这一年，岗底村集体进了 60 万个苹果袋，比上年多了 3.75 倍，却被果农一抢而空。仅杨会春就买了 4 万个纸袋，是上年的 100 倍。

从那年开始，岗底村不再给果农免费发放苹果袋，但果农购买果袋的积极性越来越高。现在全村每年给苹果套袋达到上千万个，是当初开始推广套袋技术时的 200 倍。有趣的是，岗底出现了不少给苹果套袋的能手，技术最好的快手每天能套 4000 个。

每每提起实施富岗苹果 128 道标准化生产工序这件事，岗底村党总支书记杨双牛总忘不了说两句话：一是，人叫人动人不动，利益调动积极性。老百姓的观念是"不见兔子不撒鹰"，原本没错。它对就对在老百姓最讲究实际，这实际还得看得见、摸得着。二是，他回忆山西省大寨村党总支书记郭凤莲在办公室给他说的一句名言："为群众好，这是村干部的天职，但尽职要摸透群众的心思，急了，老百姓思想不通，硬干干不成，不行；慢了，影响老百姓富裕，失职也不行。干部和群众想到一块儿，同心同德、同心同行才行。民齐者强。"

得不偿失

岗底村有个老汉叫杨吉卫，由于从小受穷，成家立业后他很能算计，从不浪费一分钱。

改革开放前，岗底村在当地是个有名的穷山村。村子不大，却有18个"老光棍"，号称"光棍堂"。1984年，新任党支部书记杨双牛带领全村男女老少齐上阵，治山治水，造田种树，岗底人的日子一天比一天好起来。盖新房，娶新娘，大把票子存银行，就是当时的生活写照。杨吉卫省吃俭用，攒下了几万块钱，眼瞅着两个儿子一天比一天大了，咬了咬牙，盖了几间新房，又给俩儿子娶了媳妇，三折腾两折腾把攒的几万块钱花光了，还拉了一屁股外债。从此，杨吉卫过日子更节俭了。

到了2002年，杨吉卫承包的2亩苹果树进入盛果期，使他看到了致富的希望。这一年，岗底村为生产无公害苹果，实施了苹果套袋技术。苹果套袋既能减轻农药污染及果面病虫害，又能提高果品质量和苹果产量，很受果农欢迎。当时，市场上卖苹果袋的厂家很多，质量不一样，价格也不一样，有5分钱一个的，有4分钱一个的，便宜的还有3分钱一个的。根据果树专家的意见，岗底村委会派人到各地厂家进行考察，选中了一种加工工艺精制、防水透气性好、抗老化、抗风雨性强的果袋，统一购进，然后分文不赚再卖给果农。俗话说："一分价钱一分货，十分价钱买不错。"这种果袋质量好，当然价格就贵了，5分钱一个。杨吉卫算了一笔账，他的2亩苹果树，要套3万个袋，需要1500元钱。如果买3分钱一个的果袋，需要900元钱。节省下的600元钱能买大几百斤化肥。他心里想，都是个纸袋袋，能有啥区别，能省一个就省一个吧。

常言道，不怕不识货，就怕货比货。杨吉卫花钱买的果袋，还不到摘袋时间就开始风化破碎，起不到套袋作用，到了秋后摘苹果的时候，杨吉卫果园里的苹果底色发绿，着色发暗，果面不光不亮，口感也不如别人的好。他的苹果富岗公司不收购，只好贱卖给小商小贩。人家苹果1亩地收入2万元钱，他的收入不到9000元钱。

杨吉卫的2亩苹果树，为了节省600元钱，却少收入了2万多元钱，真是得不偿失！第2年，村干部找到杨吉卫，说："今年你就用好果袋吧，没钱我先替你垫上，等收了苹果再还。"这一年，杨吉卫老汉套上了由村里统一购置的优质果袋，获得了大丰收。卖了苹果后，他除了还外债，早早就把年后果袋的钱另存了起来。这些年来，杨吉卫舍得给果园投资，收入一年比一年多，成了村里的富裕户。

山东河北不一样

2002 年，对岗底村的果农来说，又是一个丰收年。这一年，全村 3000 亩苹果树花开得多，果坐得稠。进入 5 月下旬后，就要给苹果套袋了。

岗底村给苹果套的纸袋很有讲究，纸袋是双层的，外层表面是黄色或灰白色，里面是纯黑色，内袋是红色。所用纸张必须是轧光涂蜡纸，防水性、透气性要好，抗老化性强。过去外出定购果袋都是由富岗公司生产部负责，这一年改为由村里定购，拉回来后原价卖给果农。

岗底村最多用果袋 1200 多万个，就是现在便宜了，价值也有近百万元。村委会对这件事非常重视，专门派了两名村干部去进货。

这两名村干部来到顺平的生产厂家之后，因为是老客户，受到了热情款待，厂长亲自为他们接风洗尘。席间，厂长向两位村干部介绍说："去年，我们厂开发了一个新品种叫'防紫外线苹果袋'。这种袋在俺们这里使用后，效果非常好，价格也不贵。"饭后，主管技术的副厂长还领着他们到生产车间参观，并讲解这种新产品的性能和质量。副厂长还向他们展示了当地果农送来的表扬信和锦旗。岗底来的两位村干部，也想为乡亲们办点好事儿，于是就订购了 1000 万个防紫外线果袋。

防紫外线果袋拉回来，分到各家各户。有的果农见这次购进的果袋外面颜色是红褐色的，同往年不一样，怕不保险，就找到村委会咨询。村干部解释说："这是新产品，而且能防紫外线，性能好，质量优，保证没问题。"

果袋套上后，问题也就出来了。到了 6 月中下旬，由于果袋外面是红褐包，颜色暗，吸光多，特别是到中午，袋内温度高，发生日烧现象，把苹果都烧熟了，轻点的不着色，严重的果皮、果肉坏死。经过核实，日烧的苹果达到 15% 以上。同上年相比，岗底村苹果损失 45 万公斤，价值 270 多万元钱。

同样的果袋，为什么在山东能用，到了河北就不行呢？他们请来了专家教授进行研究分析，终于找到了其中的原因：山东半岛面临大海，雨量充沛，空气湿度大。而岗底村坐落在太行山深处，海拔高，温差大，气候干燥。再加上果袋表面颜色暗，吸光多，所以造成了日烧。

吃一堑，长一智。从那儿以后，岗底村委会本着对果农负责的态度，不管是农药、化肥还是果袋，都是先试验，再推广，再也没有发生过类似的事件。

王书林摘袋

7月中旬的一天上午，内丘县岗底村果农王书林来到自家果园，开始给苹果摘袋。根据富岗苹果128道标准化生产工序的规定，苹果摘袋时间应该在9月下旬至10月上旬，王书林为什么提前2个月给苹果摘袋呢？

事情还得从头说起。

苹果套袋技术自20世纪90年代初推广开来后，受到了广大果农的欢迎。苹果套袋不仅使果面着色鲜艳，而且还能防治病虫害，减轻冰雹危害，生产绿色食品，提高经济利益。苹果套袋的最佳时间是5月下旬至6月上旬。

王书林有3亩果园，由于家里人手少，他怕错过了套袋的最佳时机，就找来亲戚帮忙。王书林套的是双层袋，第1层纸袋是褐色，第2层是红色的蜡纸。这些纸袋由村里统一购买，然后原价卖给果农。这一年，由于亲戚帮忙，王书林的3亩苹果用了不到1个星期，就全部套完了。

大约过了半个月，王书林发现苹果袋表面浸出了蜡渍，不知道是咋回事，就撕开果袋，发现袋内的果面已经被烫伤。王书林以为是纸袋质量有问题，就找到村里讨说法。

生产技术服务部的技术员说，这些天由于气温太高，袋内温度更高，可能是内袋的蜡纸蜡熔点低，熔化后浸透了外袋，但绝不会烫伤果面。说着，技术员和王书林一起来到果园。

技术员来到果园一看，心里明白了八九分。技术员说："不是纸袋质量有问题，而是套袋的操作方法出了问题。"

苹果套袋的具体方法是：先把手伸进袋中使全袋膨起，然后一手抓住果柄，一手托住袋底，使幼果套入袋口中部，再将袋口从两边向中部果柄处挤摺，当全部袋口叠折到果柄处后，于袋口左侧边上，向下撕开到袋口铁丝卡长度，再将铁丝卡反转90度，弯绕扎紧在果柄上。套完后，用手往上托一下袋的中部，使全袋膨鼓起来，两底角的出水气孔张开，使幼果悬在袋中。

技术员说："你的纸袋大部分没有撑开，紧贴果面，所以才会被熔化的蜡油烫伤。"

开始王书林不太相信，他找了几个撑开的纸袋打开一看，果面果然完好无损。王书林懊恼地说："都怪我当时没给帮忙的亲戚说清楚，事后也没有认真去检查。"

过了一会儿，王书林说："那该怎么办？"技术员说："你马上把没有撑开的袋摘下来，以免损失更大。"所以，才出现了开头的那一幕。

这个故事发生在10年前，由于那时候岗底村刚开始推广套袋技术，果农难免会出现失误。现在的岗底村果农，最快的一天套4000多个袋，再没有出现过烫果的情况。

第87道工序：做好虫情预测

每年六七月份，是防治红蜘蛛的第2个关键时期，要及时检测红蜘蛛的发生情况，一旦发现叶片上有2—3头时，马上全树喷施0.3—0.5波美度石硫合剂。

功亏一篑

每年春季苹果树发芽前，岗底村的果农都要对全树喷洒5波美度石硫合剂，年年如此，从不间断。

5波美度石硫合剂是一种常用的果树杀菌剂，在防治苹果轮纹病、腐烂病、红蜘蛛等病虫害方面具有显著效果。红蜘蛛又叫"短须螨"，是专门危害叶片的害虫。红蜘蛛的虫体似针尖大小，颜色呈深红色和紫红色，肉眼只能看到红色小点，以刺吸式口器吸吮苹果树叶的汁液，造成叶片枯萎、脱落，严重时可使整棵树死亡。果农王二祥曾深受其害。

王二祥是侯家庄村村民，在岗底村有个拐弯亲戚。岗底人靠种苹果走上了小康路，附近村庄的人也跟着种起了苹果。王二祥在岗底亲戚的指导帮助下，也种了3亩多红富士苹果。王二祥不懂技术，从整地、选苗、栽种到剪枝、刻芽、防治病虫害等，都是岗底村的亲戚手把手教他。亲戚还把《富岗苹果128道标准化生产工序》复印了一份，让王二祥照着上面的工序来管理果园。

　　头几年，王二祥严格按照富岗苹果 128 道标准化生产工序管理果树，果树长得很旺盛。到第 4 个年头上，苹果树就开始开花结果了。王二祥感到，苹果树管理也没啥奥秘。思想上一自满，行动上就放松。他觉得每年春天都要给苹果树喷 5 波美度石硫合剂太麻烦，也看不出有什么特别效果，就停了 2 年。到了 1995 年，王二祥的 3 亩多苹果树该进入丰产期了。看着满树雪白的苹果花，王二祥心里充满了期待。过了一段时间，王二祥发现苹果树的叶片失绿、叶缘向上翻卷，树下还落了不少叶片。

　　这是咋回事儿？王二祥蒙了。他赶忙把岗底村的亲戚叫来，亲戚一看就说这是红蜘蛛危害造成的。"什么是红蜘蛛？"王二祥不解地问。亲戚从树上摘下一片叶子，指着上面布满的红色小点说："这就是红蜘蛛。专门吸食苹果树叶和花的汁液，如果不抓紧除治，树叶就会全部落光。到了 7 月，由于营养用不完，新枝二次萌发，形成花芽二次开放，就是有果也成不了。"亲戚问："春天没有喷 5 波美度石硫合剂吗？"王二祥不好意思地说："都怪我没按你教的法儿办，2 年没有喷了。"亲戚说："防治苹果树病虫害，要以防为主，贵在坚持。今年，你家的苹果树该进入丰产期了。这一闹红蜘蛛，树体受到了影响，至少得耽搁 2 年。""那该咋办？"王二祥着急地问。"马上除治，尽量减少损失。"亲戚教给王二祥一个法儿：用 50 克草木灰，加水 2500 克充分搅拌，浸泡两昼夜后过滤，再加 3 克洗衣粉调匀后喷洒。每日 1 次，连续 3 天，隔 1 周再喷洒 3 天。

　　后来，王二祥的 3 亩苹果树由于除治及时，树叶虽然没有全部落光，但减产已成定局。这个沉痛的教训，王二祥至今难以忘怀。

第 88 道工序：检查腐烂病发病情况

苹果树腐烂病一年四季都会发生，每年 2—3 月和 9—11 月是多数果区腐烂病发生的高峰期。因此要坚持经常检查，一旦发现腐烂病病斑应立即刮除防治。检查的主要部位一是原来的病斑，二是大的剪锯口。

真的一道都不能少

内丘县岗底村果农杨海伟，头些年一直有件闹心的事儿。他果园里的腐烂病年年防，年年治，但依然还得年年刮树皮，年年砍枯枝。

1995 年，杨海伟承包了村里 10 亩苹果树。在他承包之前，苹果园是集体管理的，果树长势很弱。经过杨海伟几年精心管理，树势越来越旺，连续几年大丰收。到了 2004 年，他果园里的苹果树树龄已超过 20 年，由于树龄大，腐烂病越来越严重。为防治腐烂病，杨海伟可没少花费心思。在技术员的指导下，他刮病斑、涂盐水、输青霉素、清理枯枝树叶，腐烂病得到了一定控制，但到第 2 年春季又复发了。岗底村的其他果农按照富岗苹果 128 道标准化生产工序管理果园，都控制住了腐烂病，为啥杨海伟这里就不行？

于是，富岗集团生产技术服务部的技术员来到杨海伟的果园搞调查。杨海伟每年春季把腐烂病病斑用刀刮除，然后涂上杀菌剂就撒手不管了。富岗苹果 128 道标准化生产工序中有 2 道工序是防治腐烂病的：第 90 道工序是春季刮除腐烂病病斑，涂上杀菌剂，并将病斑皮带出果园烧毁，同时刮刀要用草木灰原液消毒；第88道工序要求夏秋季检查腐烂病发病情况，如有复发或新生的腐烂病，应立即采取补治措施处理。杨海伟1人管理10亩苹果园，实在顾不过来，就把第88道工序省略了。

技术员对杨海伟说："防治腐烂病不是一天两天的事儿，刮除病斑后还要经常检查。如果刮得不彻底或者伤口处理得不好，就会感染上病菌，致使旧病复发。"

接着，技术员又给杨海伟讲述了腐烂病的病理特点。苹果树的腐烂病一年有两个扩展高峰期，即3—4月和8—9月。晚秋初冬，果树渐入休眠期，抵抗力减弱，病菌开始向树皮内层健康组织扩展。第2年早春，气温回升，进入发病盛期。果树展叶开花、恢复生长后，发病锐减，扩展停顿，发病盛期结束。夏秋季果树生长渐缓，但比春季生命力强，病菌侵害健康组织受到寄主抵抗，病部限于树皮表层，形成表面溃疡。由于枝稠叶密，不认真检查很难发现。如不采取补治措施，第2年春季就会增加发病。技术员对杨海伟说："你的苹果树腐烂病年年防治，年年复发，就是少了夏秋的检查补治这道工序。"

技术员告诉杨海伟说，防治苹果树腐烂病，不能光靠刮病斑，要综合防治，标本兼治，才能根除。技术员向他介绍了4种方法：一是加强栽培管理，提高果树抗病能力；二是严格控制大年产量，争取小年产量不少，做到合理负担，稳产壮树；三是增施有机肥，提高树体营养贮备水平，控制该病的危害蔓延；四是彻底清理果园，减少传染病源，从源头上控制腐烂病菌的传播。

近几年来，杨海伟按照技术员教的方法去做，还真管用，苹果树的腐烂病被治住了。杨海伟深有感触地说："128道工序，真的一道都不能少啊！"

第 89 道工序：基部疏除腐烂病、干腐病病枝

一旦发现苹果树上出现腐烂病和干腐病病枝，要立即从基部（紧贴主干或主枝的部位）剪掉，切忌哪里发病剪哪里，留下后遗症，造成日后病菌继续扩散。

惜枝毁树

"惜指失掌"是一个汉语成语，意思是因舍不得一个指头而失掉一个手掌，常常用来比喻因小失大。无独有偶，10 年前岗底村就发生过一个"惜枝毁树"的故事。

岗底村有个果农叫杨达奇（化名），一辈子省吃俭用，持家有名，一分钱能攥出二两油来。传说在大集体的时候，有一年过中秋节，村里按人头每人分了 1 斤苹果。杨达奇家里 5 口人，分了 5 斤苹果。回家后，杨达奇把苹果藏在粮囤里，不舍得让家里人吃。过了一段时间，杨达奇刨开粮囤一看，有 2 个苹果烂了半个，就拿出来分给孩子们吃了。又过了一段时间，见苹果烂了 4 个，又分给孩子们吃了。结果，孩子们吃的都是烂苹果。这件事是真是假，村里人都这样传说，可杨达奇从来不认账。

岗底村有 100 来亩河滩地，1996 年 8 月山洪爆发时全部毁掉。第 2 年，村党支部、村委会组织全村劳力苦干一年全部修复，并种上了苹果树。后来，村里人把这里叫作"百亩果园"。百亩果园里的苹果树都承包给了村民，

杨达奇也承包了 3 亩苹果树。

到了 2006 年，苹果树进入了盛果期，杨达奇的 3 亩苹果树一年收入 3 万多元，走上了富裕路。有一天，杨达奇带着家人到果园疏果，突然发现一个主枝上长出了腐烂病病斑，立即回家拿来刮刀把病斑刮掉，涂上防治腐烂病的药液。儿子看到后说："村里的技术员讲了，枝条上的腐烂病要从基部疏除，要不然明年或后年还会复发。"杨达奇不高兴地说："老子过的桥比你走的路还多，这个枝子上每年能长 50 多斤苹果，你把它从基部除掉要损失多少钱哪？"

儿子见父亲不按 128 道工序管理果树，就告诉了村里的技术员。技术员找到杨达奇，告诉他说："苹果树的腐烂病、干腐病都很顽固，病菌潜伏期长，对发病的病枝一定要从基部疏除，杜绝病源扩散，如果扩散到整棵树，后果不堪设想。"杨达奇嘴里说"中中、行行"，就是舍不得那根挂满幼果的枝条。

第 2 年，那根枝条又出现了腐烂病病斑，杨达奇还是舍不得彻底疏除。第 3 年、第 4 年长腐烂病的枝条越来越多，接着又扩散到主干上。最后，杨达奇只好把整棵树刨掉。要不然，腐烂病就会传播到其他苹果树上，造成毁园的严重后果。

第90道工序：刮除腐烂病病斑

对已发病至木质部的病斑，刮干净患病组织（包括发黑的木质），树皮刮成椭圆形，立茬。根据径的粗度，要求刮面超出病斑病健交界处，横向多刮1厘米，纵向刮到木质没有黑线为止，然后涂抹防治腐烂病专用药剂。10—15天内，向病斑处喷施4倍过氧乙酸，预防复发。

刮"皮"疗毒

一说刮"皮"疗毒，人们就会联想到三国演义关云长刮骨疗毒的故事。刮骨疗毒是名医华佗给关云长医治箭伤，而"刮皮疗毒"却是岗底村老汉杨海如为苹果树治疗腐烂病。

杨海如是岗底村的老干部，今年63岁了。他当过支部委员和村委会副主任等。那些年，由于一直忙乎村里的工作，家里的活他很少干，直到1998年才承包了村里2亩新栽下的苹果树。

到2005年，杨海如承包的苹果树已有8年树龄，正是盛果期，每年挣个三四万不在话下。这年早春3月的一天，杨海如来到自家承包的苹果园查看墒情大小，看要不要浇灌萌芽水。查看中，杨海如发现一些苹果树的枝干上出现了一块儿一块儿的红褐色斑状，不仅散发着怪怪的味道，用手一按，还流出褐色的液汁。杨海如心里一惊：难道这就是苹果树腐烂病？

杨海如没敢多想，立即把老果农王书林请来。王书林一看，确定是苹果树腐烂病，并告诉杨海如说："这种病如果防治不及时，继续发展下去会导致树干病疤累累，枝干残缺不全，甚至整棵树枯死，直至毁掉果园。"听到这里，杨海如出了一身冷汗，忙问："那咋办？"王书林说："必须马上把腐烂的树皮刮掉！"

按照王书林教的法子，杨海如把有病的苹果树认真地刮了一遍。过了几天，杨海如到果园一看，傻眼了，刮掉病斑后，周围的树皮又开始腐烂了。

心急火燎的杨海如又把该村第 1 个农民农艺师、村民公认的果树专家杨双奎请来。杨双奎一看，便知道了问题出在哪里。原来，杨海如刮树皮刮得轻，只刮掉了腐烂的树皮。杨双奎告诉他说："治腐烂病和治肿瘤差不多，不仅要把肿瘤切掉，还要把肿瘤周围的好肉切除一部分，才能根治。治腐烂病也要刮掉病斑边缘 0.5 厘米的健皮，然后抹上果富康杀菌剂，等干了以后，再抹愈合剂。"临走时，杨双奎还嘱咐杨海如："刮刀要用草木灰液消毒，把刮下的病皮拿到果园外烧掉。"

杨海如果园里的腐烂病被治住了，但为什么会发生腐烂病呢？杨海如在书本里找到了答案：腐烂病病菌是一种弱寄生菌，只有当树体衰弱时才能致病。而导致树体衰弱的因素主要是修剪不当、结果过多、营养不良、冻害及日灼等。打那儿以后，杨海如对症下药，加强栽培管理，合理负载，培养壮树，以增强树体的抗寒抗病能力，果园里再也没有发生过腐烂病。

第 91 道工序：烧毁病皮和病枝

苹果树腐烂病病菌可在病部存活 4 年左右，靠雨水飞溅传播。所以，对刮下来的腐烂病病皮和剪掉的病枝，应运出果园集中烧毁，以防病菌再次传染。

"斩草要除根"

2004 年的阳春三月，岗底村四周的山坡上，天空中飘着悠闲的白云，苹果园里飞翔着叽叽喳喳的小鸟。这天早饭后，富岗公司生产技术服务部的经理杨双奎和技术员梁国军驱车北上，到千里之外的承德市宽城满族自治县三岔沟村指导苹果树管理。

20 世纪 80 年代末，三岔沟村在山坡上种了几百亩苹果树，由于管理不善，产量低、果品差，收益很小。河北农大教授李保国受邀去三岔沟村做技术指导。因为李教授有一项科学实验进入关键时刻，不能脱身，就委托自己最得意的弟子杨双奎去三岔沟村了解情况，并帮助指导当地果农对苹果树实施管理。

在车上，杨双奎信心百倍。他在岗底村管理苹果已有 20 年的经验，再加上李保国教授指点，对苹果树的各项管理得心应手。一到三岔沟村，杨双奎和梁国军没顾上喝口水，就跟着主管果树的副支书王保荣上了山。到了山上的苹果园里一看，杨双奎心里就凉了半截。数百亩苹果树几乎都有腐烂病，有轻有重，有的一棵树上只有两根枝活着，还有一些已经完全枯死。杨双奎问："腐烂病咋这么严重，你们没治过？"陪同的王保荣说："我们也不知道这是什么病，也不知道该咋治，这几年一年比一年重。"

接着，王保荣介绍说，20世纪80年代中期，这里的苹果2块钱1公斤，村委会就组织群众种植苹果树。后来种苹果多了，苹果降到4毛钱1公斤。村委会听说种桑树养蚕很发财，就在苹果园的周围种桑树，苹果园也不管了。现在养蚕又不行了，才想起了苹果树。

杨双奎对王保荣说，苹果树腐烂病，俗称"烂皮病""臭皮病"，是我国北方苹果树的重要病害。腐烂病主要危害6年以上生的结果树，会造成树势衰弱、枝枯死和死树，甚至毁园。苹果树腐烂病菌是弱寄生菌，凡是能够导致枝势变弱的因素都能诱发苹果树腐烂病。树势健壮，营养条件好的树，发病轻微；树势衰弱，缺肥干旱，腐烂病就会严重。这些年，你们村光重视种桑养蚕了，对苹果树疏于管理，缺肥少水，再加上周围的桑树同苹果树争夺水分和养分，造成苹果树长势衰弱，所以腐烂病才这么严重。

杨双奎打电话将三岔沟村的苹果树情况向李保国教授做了详细汇报，问怎么办。李教授说："立即组织果农进行刮治，不能刮治的把树刨掉。"

第2天，杨双奎又带村委会的干部转遍了果园，对哪些树能治、哪些树要刨掉，都做了记号。

第3天，杨双奎和梁国军又在果园召开果农会，传授刮治腐烂病技术：对形成病疤的树，要彻底刮尽病部组织，在其周围刮去0.5—1厘米好皮，刮面要光滑。刮后随即涂药，涂药超出病疤外围5—8厘米，1个月后再涂1次药。对腐烂病斑，认真刮除表层溃疡，然后涂抹45%的施纳宁100倍液或康复剂 50 倍液进行消毒保护。对病枯枝条和枯死的树，要当即剪掉和刨掉。最后，杨双奎向果农再三强调，刮下来的树皮和剪下的枯枝以及刨掉的枯树，必须带出园外集中烧毁，防止病菌大量传播。

大约过了 1 个月的时间，杨双奎又专程来到三岔沟村，查看刮治苹果树腐烂病的情况。一到山上，可把杨双奎气坏了。原来，果农把刨下的枯树和剪下的枯枝都拉回家当柴烧了，把刮下的病树皮扔得满地都是。杨双奎问在果园干活的果农："为啥不把刮下的病树皮拿到园外集中烧毁？"果农回答说："树皮都干了，还能传染啥病？"杨双奎说："别看干了，它的毒性可大啦，几年之后照样传染病菌。"

接着，杨双奎给他们讲了一个故事。2002 年，杨双奎做了一个试验，将刮下的病树皮晒干后装进塑料袋里，之后再用清水浸泡，清水不久就变成了黄水。把黄水抹在苹果树根上，不到 1 个星期，树根就开始腐烂。杨双奎立即截断了树根，才没有传染到整棵苹果树上。

杨双奎语重心长地对果农们说："刮治苹果树腐烂病，必须'斩草除根'，不除根后患无穷。"在村委会的统一组织下，果农们把乱扔在地上的病树皮拣得干干净净，在园外进行了集中烧毁。

经过 2 年的努力，三岔沟村的苹果树腐烂病得到了控制，再加上按照富岗苹果 128 道标准化生产工序精心管理，树势一年比一年壮，产量一年比一年高。2011 年，三岔口又栽种了 300 亩苹果树。从此，三岔沟村走上了脱贫致富之路。

第92道工序：防止落叶病病源扩散

> 每年五六月份是防治苹果落叶病的关键时期，要喷施 2—3 次少量式波尔多液，以防止落叶病病源扩散。喷药要在降雨前全树喷施，把病菌抑制住，才能达到事半功倍的效果。

挥泪斩"马谡"

2005 年 6 月的一天，富岗公司召开专门会议，研究决定对岗底村一名果农罚款 100 元。富岗公司为什么要处罚这名果农？事情是这样的。

2004 年初，富岗公司推出了富岗苹果 128 道标准化生产工序，要求果农严格按照每一道工序管理果园。同时，公司还严格规定，128 道工序有 1 道不到位，罚款 100 元；2 道不到位，罚款 200 元；3 道不到位，罚款 1000 元，并收回承包权，列入黑名单，永远不许在岗底村里种苹果。

根据富岗苹果 128 道标准化生产工序中的第 92 道工序要求：每年五六月份给苹果树喷施 2—3 次少量式波尔多液，防治落叶病病源扩散。岗底村有位果农疏忽大意，忘了这道工序。后来，被技术员发现，领导高度重视，决定严肃处理此事。

苹果落叶病主要包括苹果褐斑病、灰斑病、圆斑病、轮纹斑病等多种病害，是我国各苹果产区主要发生的病害。危害严重年份，造成苹果树早期落叶，削弱树势，果实不能正常成熟，对花芽形成和果品产量都有明显影响。落叶病病菌的传播途径主要以菌丝体在落叶上越冬，翌年 4—5 月多雨时，地面上的落叶湿润后，可产生大量的孢子，并借风雨传播。病害一般在 5—6 月发生，7—8 月发病较多。

波尔多液是一种保护性的杀菌剂，有效成分为碱式硫酸铜，可有效阻止孢子发芽，防止病菌侵染，并能促使叶色浓绿、生长健壮，提高树体抗病能力。该制剂具有杀菌谱广、持效期长、病菌不会产生抗性、对人畜低毒等特点，是应用历史最长的一种杀菌剂。因此，每年 7 月给苹果树喷施少量式波尔多液，是防治落叶病病源扩散的有效措施，被列入富岗苹果 128 道标准化生产工序，要求果农严格执行。

按照富岗公司的规定，应该对这位果农罚款 100 元，并且不收其苹果。在讨论处理这件事的会议上，出现了不同的声音。有的人说，罚 100 元虽然钱不多，但面子上不好看，建议批评教育，下不为例。也有的人说，这位果农在苹果管理上很有一套，在村民中威信也很高，每年向公司交售的优质苹果最多，虽然这次没有喷施波尔多液，但也没有造成什么不良后果，建议放他一马。

其实，富岗公司董事长杨双牛也并不愿意处罚果农。果农是富岗公司的"上帝"，没有果农的贡献，就没有富岗公司的今天。但杨双牛想得更深更远。这件事如果不处罚，就会影响其他果农严格按照 128 道生产工序管理果园的积极性。既然有制度，就要严格执行。不执行，128 道生产工序就是一纸空文。杨双牛语重心长地说："一个工序不到位，就可能影响到苹果的质量，砸了富岗的牌子，丢了全村人的饭碗。"

那位果农听说公司要处罚他，就找到杨双牛求情，说："咱哥儿俩从小关系就不错，不看僧面看佛面，这次就别让我难堪了。"

杨双牛说："兄弟，我这不是让你难堪，是为了增强咱们岗底人的质量意识。"

接着，杨双牛解释说："该喷施波尔多液了你不喷施，如果发生了落叶病，就会影响苹果的质量，消费者吃了你的苹果，他们不说是你的苹果不好，而是说富岗苹果质量不行。砸了富岗苹果的牌子，就砸了自家的'金饭碗'！"

在果农大会上，那位果农诚恳地做了自我批评，并向公司交了100元罚款。事后他说："罚了我100元，给大家敲响了质量警钟，保住了咱富岗的牌子，俺心服口服！"

这正是：诸葛亮挥泪斩马谡千古传颂，杨双牛铁面罚果农敲响质量警钟。

第93道工序：麦收后灌水

这个时期由于温度高，叶幕厚，果实膨大快，如供水不足会引起新梢生长与果实生长之间的水分竞争，严重时导致长势减弱。采用小管出流的节水方式在树体需水高峰期灌水，使土壤含水量达到田间持水量的80%，才能保证树体及果实正常生长的需要。

徒弟变师傅

15年前，杨增林是王占龙的徒弟；15年后，杨增林却成了王占龙的师傅。

杨增林老家是内丘县岗底村，王占龙老家是河南省宜阳县王庄村。两人相距500多公里，怎么变成师徒了呢？说来话长。

早年，杨增林和王占龙同在邢台市某单位打工，因为都是年轻人，有共同语言，关系比较好。当时，王占龙负责广告宣传，会摄影，而且照片照得非常好，杨增林十分敬佩他。俗话说，艺多不压身。杨增林也想学摄影，日后多一门挣钱的手艺。他把自己的想法给王占龙一说，王占龙就爽快地答应了。从此以后，王占龙就手把手教杨增林怎样取景、怎样调焦、什么叫逆光、什么叫顺光。王占龙认真地教，杨增林虚心地学。两个人由哥们儿变成了师徒。

常言说，天下没有不散的宴席。2002年，杨增林回到老家内丘县岗底村。回村后，杨增林买了一辆大车搞运输，后来又跟着父亲一起种苹果，走上了富裕路。

再说王占龙，在邢台干了两年后，也回到了河南老家。他见别人种药材发了财，也开始种药材，由于不会管理，又不懂市场行情，结果赔得一塌糊涂。后来，他又改行做买卖，也没有赚到什么大钱。有一天晚上，王占龙看中央电视台《新闻联播》，说河北省内丘县岗底村的果农靠种苹果发了大财，1个苹果卖到100元。王占龙突然想起，自己的徒弟杨增林就是岗底村的，于是掏出电话拨了过去，问问是真的还是瞎吹的。杨增林告诉他说，极品果真的卖100元1个，平均每亩苹果收入在1.8万元左右。王占龙知道他的这个徒弟为人实在，他相信了，也动心了。

2010年春天，王占龙在伊川县承包了120亩土地，准备种植苹果。经过考察，伊川、宜阳两个县只有1户种苹果的，3亩苹果树每年收入不到2万元，这同岗底相比，效益差多了。于是，王占龙决定请杨增林当技术顾问。栽种苹果树时，杨增林按照富岗苹果128道标准化生产工序，首先选好树苗，然后对苗木进行处理，接着挖定植坑、沉实定植带、灌溉定植水、定植苗木，最后覆盖地膜。当年栽种的1万多棵苹果树，成活率达95%以上。

2011年春天，杨增林带领7名果树工来到王占龙的果园，帮助他给苹果树拉枝、刻芽。到了夏天，杨增林又带人过去帮助他给苹果树环割。杨增林告诉王占龙说，按照富岗苹果128道标准化生产工序管理苹果树，头年栽种，第2年拉枝、刻芽，第3年结果，比传统的管理方法早结果2年。接着，杨增林又向王占龙介绍了苹果树抹芽、扭梢、疏花、套袋以及浇水施肥、防病灭虫等管理技术，使王占龙对这个当年的徒弟刮目相看，由衷地说："增林，过去你是我的徒弟，今天你成了我的师傅。"一句话说得杨增林不好意思起来。

　　从那儿以后，王占龙在管理苹果树中，一遇到难题就给杨增林打电话，总是师傅长师傅短的。一次，王占龙发现刚长到手指头肚大小的苹果上出现了黑斑，立即打电话问杨增林是咋回事。杨增林说："你在电话里说不清楚，马上拍个照片发到我的邮箱里，我看了才能判断是什么原因造成的。"照片发过来，杨增林一看，知道是日烧造成的，马上给王占龙回电话说："由于气温太高，你的果园缺水，刚结的小苹果含水量低，经不起太阳暴晒，所以出现日灼现象，只要马上补浇 1 次水就没事了。"王占龙立即给果园灌溉水，日灼现象很快就消失了。

　　王占龙给杨增林打电话说："师傅出马，一个顶俩。以后我要向你好好学学苹果树栽培管理技术。"杨增林谦虚地说："《富岗苹果 128 道标准化生产工序》才是咱们的师傅，你要拜师，就拜它为师吧！"第 2 天，杨增林就把一本《富岗苹果 128 道标准化生产工序》给王占龙寄了过去。

第94道工序：控制营养生长

> 对冠内的徒长枝从基部剪除，减少营养消耗，有利于集中营养，提高花芽质量。修剪时间为5—8月。

远来的和尚念"歪"经

人们常说，远来的和尚会念经。其实并不然，有些远来的和尚把经念歪了，这个故事就发生在宋家庄乡的杜树村。

杜树村和岗底村虽然相距不远，但属于两个县管，鸡犬之声相闻，村民来往甚少。20世纪90年代，杜树村种了不少苹果树，因不懂管理技术，就从外地请来了一位即将退休的农艺师当技术顾问。

这位农艺师来到杜树村后，村干部把他当成宝贝，村民更是对他敬若神明。这位农艺师不仅架子大，而且做事还很古怪。如果有村民问他："为什么要把这个枝剪掉？"他就会不高兴地说："叫你剪你就剪，哪有这么多为什么？"给果树打药治虫时，都是这位农艺师去买药，回来后他把包装和商标撕掉，写上1号、2号和3号，不让村民知道用的是什么药。村民也是敢怒而不敢言。在那位农艺师的指导下，杜树村的苹果树虽然进入了盛果期，但产量一直不高，果品质量一般。村民们开始怀疑请来的是个"假和尚"，再也没人搭理他了。这位远道的"和尚"也算知趣，自己搬起铺盖卷儿回家了。

2004 年，富岗集团推出 128 道生产工序后，实施龙头带动战略，组织公司技术员到附近乡、村搞义务技术服务，让 128 道生产工序在各地开花结果。

这年 9 月中旬的一天，富岗公司生产技术服务部的两名技术员来到杜树村。他们在各家果园转了一圈，发现有同一个毛病，就是苹果树冠内膛长满了徒长枝，短的有 30 厘米，长的有 80 厘米，横三竖四，密密麻麻，罩满了树冠内膛，使树冠内通风不畅，透光困难，而且还大量消耗树体营养，严重影响了苹果的产量和质量。

于是，技术员就问在果园劳动的果农："为什么不剪除树冠内膛的徒长枝，以控制营养生长？"

果农回答说："春季修剪时就剪过了，这些大部分都是后来生长的。"

技术员又问："谁教你们春季剪枝的？"

果农说："是过去俺们村请来的农艺师。"

技术员告诉他们说："剪除内膛徒长枝，一定要把握好时间，修剪过早，形成二次萌发，新梢还会滋生蚜虫；修剪过晚，减缓生长势头作用不明显，还影响光照和浪费营养。"

"什么时间剪除最好？"果农问。

技术员回答说："疏除树冠内膛徒长枝，最好在 5 月到 8 月，对那些没有剪的枝条，也可以采取扭枝的办法控制生长。"

接着，技术员又按照 128 道生产工序，向他们介绍了下一步如何采用环剥、扭梢等方法控制树冠，使营养生长向生殖生长转化，促进花形成；叶面喷施 0.3%—0.5% 的磷酸二氢钾液，促进花芽分化；清除挡光叶，促进果实着色等后期管理技术。

技术员越讲越有劲儿，杜树村的果农越听越有兴趣，不知什么时候围了一大圈果农。他们纷纷向技术员索要《富岗苹果 128 道标准化生产工序》，可惜技术员身上只有 2 份。

临走时，杜树村的果农们再三嘱咐，下次来时一定多带几份《富岗苹果 128 道标准化生产工序》，这才是"真经"。

第 95 道工序：中耕除草

中耕除草是两项工作，一般同时进行。中耕的主要目的，一是消灭杂草，减少养分水分消耗；二是切断土壤毛细管，减少水分蒸发，起到保水、保肥作用；三是改良土壤通气状况，促进土壤微生物活动和有机质分解，提高土壤肥力；四是防止土壤板结，增强蓄水能力。中耕除草的深度以 5—10 厘米为宜。

人勤地生宝

2012 年金秋时节，内丘县岗底村果农梁海山的苹果喜获大丰收，亩产苹果 3000 余公斤。谁能想到，16 年前的这个苹果园，亩产苹果还不到 750 公斤。乡亲们感慨地说："真是人勤地生宝，人懒地长草啊！"

1996 年冬，梁海山承包了集体 4 亩果园。这 4 亩果园原先由其他果农承包，由于管理不善，地里杂草丛生，苹果树长势也很弱，虽然是盛果期，但亩产苹果不到 750 公斤，连承包费都拿不起，只好同集体解除了承包合同。

梁海山接手承包后，为了管理好这 4 亩苹果园，把儿子送到县职业教育学校，专门学习林果管理。接着，又在施肥、浇水、锄草上下了一番功夫。

俗话说："无肥不长树，无花不结果。"过去承包的那位果农，都是使用化肥，土壤板结，影响了根系生长，造成了树势很弱，花开得少，坐果率也低的状况。梁海山到附近村买羊粪、牛粪和鸡粪，一车一车往地里拉，一直拉了三四年，后来就追施有机肥。肥多了，地壮了，苹果树长势越来越好。

再说浇水。过去由于畦子小，再加上土壤板结，一浇就到了头，水过地皮湿，渗不下去。头一年浇了11水，苹果长得也不大。梁海山就把小畦改成大畦，在地里铺上麦秸和玉米秸秆，这样水流得慢了，浇的水量也就大了。同时，麦秸和玉米秸秆腐烂后，又变成了有机肥料。

最让梁海山头疼的是地里的杂草。他刚承包这个苹果园时，地里的杂草有1米高，不能用锄头锄，只好用镰刀割，然后再用锄头锄。人家果园里一年最多锄两遍草，梁海山一年要锄四五遍。他每次都把锄下来的杂草背回家，怕草籽掉到地里第2年再生草。到了第4年初，梁海山才把果园里的杂草清理干净。

1999年，梁海山的儿子从县职业学校毕业后，又到河北农大林果专业学习了1年，回来后成了梁海山的好帮手。父子一条心，黄土变成金。梁海山和儿子精心耕作、科学管理，苹果树长势越来越好，产量一年比一年高。2003年，4亩苹果套袋4万多个，亩产达到1500多公斤。

2004年，富岗集团推出富岗苹果128道标准化生产工序。梁海山父子二人严格按照128道生产工序管理果园，从修剪、刻芽、扭梢、环割，到疏花、疏果、套袋、环剥，从防病治虫到浇水追肥，一道都不落下。梁海山果园里的苹果不仅产量高，而且质量也好，优质果达到70%，比一般果农高出20%以上。梁海山被富岗公司评为优秀果农，他的儿子也成了富岗公司生产技术服务部的专职林果技术员。

第 96 道工序：对排水系统进行维护

每年雨季到来之前，要对果园的排水系统进行一次检查维修，对破损、堵塞的渠道及时修补和疏通，以防大雨给果园造成灾害。

小洞不补 大洞吃苦

临城县和内丘县是邻县，临城县的围场村和内丘县的岗底村都属于太行山的深山区。20 世纪 90 年代末围场村学习岗底村治理荒山经验，从山脚到山顶，环山开挖了一道道宽 2 米、深 1 米的水平沟，水平沟外“噘嘴”，里存水，外修 20—30 厘米高的坝沿，并修建了完善的排水系统。从而，多年不能绿化的荒山得到了绿化，未能栽果树的山坡栽上了果树。

话说到了 2013 年，围场村有位叫刘三喜（化名）的果农，见岗底村果农靠种苹果人均收入 2 万多元，比种板栗树效益高出好几倍，就动了心。他联系本村几户果农到岗底村参观学习，回来后决定刨掉板栗树改种苹果树，并从富岗苗圃基地买来了红富士苹果树苗。富岗公司有明文规定，对凡是在从该公司苗圃基地购买树苗的，无偿提供技术指导。

刘三喜那几户果农栽种苹果树时，富岗公司专门从岗底村派来两名技术员现场指导，怎么整地，怎么挖定植坑，怎么定植苗木等，完全按照富岗苹果 128 道标准化生产工序操作。栽种完苹果树，富岗公司的技术员发现苹果园里的排水沟里长满了野草，个别地方被堵塞，就对刘三喜说："每年雨季到来之前，要对果园的排水系统进行一次维护，清理杂草，修理破损，保证畅通，以防下暴雨时排水不畅冲毁果园。"

第2年春天，岗底村的两名技术员又来到围场村刘三喜几户的苹果园，指导他们给苹果树刻芽、抹芽、扭梢，发现排水设施依然如故，就问："排水设施怎么不清理维修？"刘三喜说："我们山区十年九旱，这排水系统建好十大几年了，从没发挥过作用，整修不整修也没啥。"技术员严肃地说："不怕一万就怕万一，真要下了大暴雨，果园里的水排不出去，轻者淹了果树，重者冲毁果园，到时候你哭都找不到坟头！"尽管技术员把话说到这个份儿上，可刘三喜却把它当成了耳旁风。

到了2016年，刘三喜的苹果树在岗底村技术员的指导下，已进入丰产期。看到挂满枝头的幼果，刘三喜喜出望外。7月19日，突如其来的强降雨在河北省西部太行山区引发山洪，不少村损失惨重。刘三喜的苹果园由于排水沟被杂草堵塞，排水不畅，苹果树被冲得歪七扭八，有的被连根拔掉。

过了几天，刘三喜看到报纸上介绍说大灾之年岗底村苹果树没有受到任何损失，心里不相信，就带着那几户果农来岗底村看个究竟。他们转遍了三沟（村后沟、托么沟、窑沟）两峪（全房峪、葫芦峪）一面坡（北坡），看到果园毫发无损，十分惊奇，就问陪同参观的技术员："你们这里下的雨是不是比我们那里下的小？"技术员反问："你们那里下了多少毫米？""450毫米。"刘三喜说。"我们这里是500毫米，比1996年8月的那次雨量更大，来势更猛，由于排水系统畅通，所以苹果园没有受到任何损失。"

　　听了技术员的介绍，刘三喜肠子都悔青了。当初如果听了岗底村技术员的劝告，年年对果园的排水系统进行一次整修，还会有今天的损失吗？真是小洞不补，大洞吃苦，教训哪！

第 97 道工序：防治早期落叶病

7 月中旬喷施等量式波尔多液，能有效防治苹果早期落叶病。喷药前要选择压力大、雾化好的喷药机械，喷药要均匀细致，不漏枝、叶、果实。高温时段、树上有露水和下雨前不要喷药。

预防为主　事半功倍

"来电话啦，来电话啦……"杨双奎把小轿车稳稳地停靠在路边，掏出了手机。

杨双奎是内丘县岗底村的农艺师，也是果农公认的林果土专家，他不仅是富岗公司生产技术服务部的经理，还兼任着公司 5 个苹果生产基地的技术指导，所以经常有果农打电话向他咨询苹果管理中出现的难题。

电话接通了，是岗底村果农杨海伟打来的。杨海伟在电话里说，最近几天他家的苹果树老落叶子，问杨双奎是咋回事儿，该怎么办？杨双奎回答说："落叶有两种，一种是病害，需要喷施杀菌剂；一种是虫害，要喷施生物杀虫剂。你先弄清楚怎么回事儿再说。"

过了一会儿，杨海伟又把电话打了过来，告诉杨双奎说："不是虫害，好像是一种病。"杨双奎告诉他说："那就是苹果早期落叶病，你马上喷施等量式波尔多液杀菌剂，如果买不到，就喷施 350 倍的果富康或过氧乙酸。"

苹果早期落叶病是指苹果的叶片不到落叶的季节而提前落叶，严重削弱树势，甚至使越冬芽萌发造成二次开花，对第 2 年的苹果产量影响极大。过去，这种病在岗底村经常发生，后来在技术人员的指导下，每年雨季到来之前，果农就喷施 2 遍波尔多液预防，从此再没有生过早期落叶病。富岗苹果 128 道标准化生产工序中的第 82 道工序明确要求：6 月中旬喷施等量式波尔多液，预防苹果早期落叶病。

杨海伟家的苹果树怎么又生了早期落叶病？杨双奎觉得不可思议。杨海伟从 1995 年就开始承包集体的果园，管理苹果树将近 20 年了，也算是老果农了。特别是 2004 年富岗公司推出富岗苹果 128 道标准化生产工序以来，杨海伟严格按照生产工序生产，他种的苹果特级果、一级果最多，年年受到公司的表扬。

大约过了半个月，杨双奎从外地回到了岗底村。他不放心杨海伟的果园，就亲自去山上看。由于防治及时，杨海伟果园里的苹果树早期落叶病已得到了有效控制。

杨双奎问杨海伟："雨季到来之前，你没有按照 128 道生产工序给苹果树喷施波尔多液杀菌剂吗？"

"唉，别提了！"杨海伟一拍腿后悔地说："那几天我正好有事外出，回来就把这事给忘了，要不是按你说的办，及时控制住早期落叶病，明年的损失可就大了。"

杨双奎告诉杨海伟，早期落叶病一般在 5—6 月发生，7—8 月发生较多，特别是高温多雨季节，极利于早期落叶病病原菌的繁殖传播，从而导致早期落叶病的暴发流行。如果在雨季到来之前，及时喷药预防和保护，就会取得事半功倍的效果。

第 98 道工序：控制旺长

控制果树旺长的目的是使果树由营养生长向生殖生长转化，促使花芽分化形成。控制旺长的方法主要是拉枝、扭梢、摘心、拿枝、环剥等措施。一般在六七月进行。

打赌

从内丘县城往西走 10 多公里有个西石河村，村里有个百果庄园，栽种了苹果、梨、杏、桃等十几种水果，只要花 70 元买张门票，游人就可以随便采摘。前些年游客很多，近两年来采摘的游客越来越少了。

承包百果庄园的老板经过一番调查得知，由于庄园里的水果产量低，质量差，特别是苹果，跟富岗苹果相比差老鼻子了。所以很多游人宁可多跑几十公里，也要到岗底村采摘苹果。老板经过深思熟虑后，于 2012 年冬天从岗底村聘请老果农杨群书、王海奎当技术员，专门管理百果庄园的 60 亩苹果树。

杨群书和王海奎来到百果庄园后，只见苹果树有 5 米多高，虽然株距和行距达到了 4 米 ×6 米，由于修剪不善，树与树之间都拉住了手。枝条狂长，内膛郁闭，不通风，不透光，咋能成好花，结好果？另外，苹果树5 米多高，枝条又稠密，也不方便游人采摘。

王海奎问一位正在果园干活的雇工："你们的苹果是咋修剪的？"雇工回答说："杨老师说一剪子下去 3 年不结果，所以俺们没有修剪过，枝条愿意咋长就咋长。"

说到杨老师,这里还得交代一下。杨老师是衡水市一所学校的老师,退休后在当地一个果园帮忙,从书本上学到了不少果树管理技术,但实践经验不足。6年前,百果庄园从那个果园进了一批树苗,杨老师就来到这里当上了技术员。杨老师来后想露一手,试着修剪了几棵苹果树,结果剪去1根枝条,又冒出了三四根枝条,越剪越多。由于分不清哪根是结果枝,哪根是营养枝,他修剪的那几棵苹果树3年没结果。所以就有了一剪子下去3年不结果的说法。

根据百果庄园苹果树的生长状况,杨群书和王海奎经过商量,决定按照富岗苹果128道标准化生产工序,给苹果树落头开心,然后剪去无用枝,控制旺长,促进成花。于是,他们又从岗底村叫来了6个人,鼓捣了1个月才整理完。剪枝的时候,杨老师也来到现场,说:"像你们这种修剪方法,明年树还不长疯了?"王海奎回答说:"我敢和你打个赌,如果明年苹果树长疯了,我拜你为师,如果没长疯你就当我的徒弟!""好,一言为定!"杨老师也不甘示弱。

到了第2年春天,王海奎对果树又进行了花前复剪,除去细弱的无花枝和过密的无花枝,留壮花结果。这一年,百果庄园的60亩苹果,不但没有长疯,而且开的花也多了,结的果也多了,产量和质量有了明显提高。

当初,王海奎跟杨老师打赌本来是句戏言,可杨老师却当了真,非要拜王海奎为师不可。王海奎笑着说:"你有知识有文化,比我强,但实践经验没我多,以后咱俩互相学习,取长补短,好好把百果庄园管理好。"从此,两人成了好朋友。

第 99 道工序：进行土壤化验

对果园土壤分层 (0—20 厘米、20—40 厘米) 取土，按照 5 点取样法每个果园取 5 个土壤样品。经化验检测后，根据土壤养分含量，进行配方施肥。取土时要在施肥前进行。

定期"体检"

一说到体检，人们马上就会想到是去医院检查身体。这里说的定期"体检"是指岗底果农对果园的土壤实行定期检测化验。

岗底村有个果农叫安书林，对管理苹果树很用心，舍得投入。他除了给果园施碳铵、尿素外，还经常掏茅稀往地里担。自家厕所掏完了，就到邻村去掏。他不嫌臭，不怕脏，所以他的苹果树长得枝壮叶绿，十分茂盛。到了结果的时候，他家果园里的苹果比其他家的苹果结得多，个头儿也大，就是有一个毛病，着色不匀，口感不好。

到了 1997 年，河北农大李保国教授带学生来岗底村实习。安书林立即把李保国教授请到果园，看看到底是啥毛病。李教授查来查去，也不知道是啥原因，就从果园里取了一包土壤样品，让岗底村技术员杨双奎送到河北农业大学化验。没几天，化验结果出来了，是因为安书林果园土壤里速效氮超标 1 倍。苹果树生产所需速效氮每株在 1.5—2 公斤，而安书林果园土壤里达到 3 公斤以上。

　　李保国教授建议安书林以后不要给果园追施茅稀了。因为人类的尿液含有大量病菌、虫卵和其他有害物质，需要无害化处理后方可使用。另外，直接给苹果树追加茅稀，容易烧烂果树根系，形成烂根病，影响树体生长。安书林按照李教授的建议再也不往果园里担茅稀了。1年后，经土壤样品检测，速效氮减少了1公斤，达到了合适标准。同时，安书林果园里的苹果着色也均匀了，口感也好了。

　　从安书林果园速效氮超标这件事中，富岗公司受到启发，果园土壤中氮、磷、钾等营养元素含量的高与低，都直接影响到苹果的质量和产量。从那年开始，由富岗公司统一组织安排，每隔2年都要对各家各户的果园进行一次土壤检测，缺啥补啥，超标减量，实行合理施肥，保证了富岗苹果的优质高产。

第 100 道工序：配方施肥

> 根据苹果树的需肥规律、土壤养分测定结果和树龄、产量等因素，确定氮、磷、钾和微量元素的用量，做到平衡施肥、科学施肥。

富岗苹果专用肥

吃过富岗苹果的人都知道，富岗苹果果形周正，着色均匀，细脆无渣，酸甜可口，最贵的特级果，100 元 1 个。

也许有人要问，富岗苹果有什么奥秘不成？有，他们不仅严格按照 128 道生产工序进行生产，就连使用的肥料也是富岗苹果专用肥。

常言说，庄稼一枝花，全凭肥当家。其实种苹果也一样，科学施肥对果品的产量和质量起着重要作用。早年，岗底村的果农用的是农家肥，后来用气肥（碳酸氢铵）和尿素，到了 2000 年后用上了复合肥。至于苹果树需要多少氮、磷、钾，土壤中含有多少氮、磷、钾，他们不清楚。氮量超标，苹果底色发绿，含糖量降低；缺磷，苹果易发生病害；少钾，影响花芽分化，果实着色不好。果园施肥，这里面学问可大了。

自从富岗苹果 128 道生产工序实施后，科学施肥成了岗底村果农管理苹果的一项重要措施。一次，富岗集团董事长杨双牛去省里参加政协会，正好和河北三高农业开发集团老总住在一个宿舍。一个是种苹果的，一个是专门生产复合肥、复混肥的，两个人越谈越投机，最后达成一项协议：按照富岗苹果生产要求，由三高集团生产富岗苹果专用肥。根据土壤化验结果和苹果对氮、磷、钾几种微量元素的需求量，实行配方施肥。缺什么元素补什么元素，需要多少补多少，实现各种养分平衡供应，以达到提高苹果产量和果品质量的目的。

刚使用这种富岗苹果专用肥时，效果不太明显，第 2 年、第 3 年果农就接受了。这时候，市场上各种牌子的复合肥、复混肥也多了起来。便宜没好货，岗底村的果农不买他们的账，只相信富岗公司提供的专用肥。

有一年，外地来了一位推销有机无机复合肥的经销商，通过关系来到了岗底村。果农杨建国的舅舅硬塞给他几袋外地经销商带来的化肥。杨建国拿着样品找富岗公司生产部的技术员一检测，什么有机无机复合肥，说白了就是鸡粪掺化肥。"亲舅舅也不沾！"杨建国立即退了回去。

岗底村还有一个果农叫马占花，一直坚持配方施肥，她往公司交售优等果最多，有一年公司奖给她 7 吨有机肥。2012 年，马占花还被公司评为优秀果农。

第 101 道工序：追施钾肥

> 7月底到8月初，每棵苹果树追施硫酸钾 500—750 克，加强着色，提高含糖量，改善果实品质。

药到病除

1997 年，岗底村村民杨小三，在河滩地里栽种了两亩半苹果树。杨小三起早贪黑，精心管理，苹果树长得枝繁叶茂，好不喜人。现在的苹果树经过科学管理，头年栽树，第 2 年成花，第 3 年就开始结果。杨小三的苹果树一年比一年结果多，收入也逐年增加。两亩半苹果成了摇钱树，杨小三喜上眉梢。

到了 2008 年，杨小三的苹果树进入盛果期。这年霜降一过，正是采摘苹果的季节，果农们的欢声笑语随着凉爽的秋风飘过漫山遍野。杨小三站在自家的果园里，一点儿也高兴不起来。不知是咋回事，他的苹果着色不如以前均匀了，摘下来尝一口，口感也大不如从前了。杨小三心里想，也许是浇水小了，施肥少了。2009 年，杨小三给苹果树多浇了 1 次水，多施了 1 遍肥，到秋后采摘的苹果还是着色不匀，口感不好。这下，杨小三沉不住气了。俗话说，货卖一张皮。苹果着色不好，公司不收购，客户不愿意买，只能低价销售。人家的苹果 1 公斤卖四五块钱，1 亩收入将近 2 万元。杨小三的苹果卖 2 块钱 1 公斤，客户还不想要。你说杨小三能不着急吗？

"有难事儿，找双奎儿。"杨小三找到在村里主管苹果技术的农艺师杨双奎，诉说了自己的苦衷。双奎说："苹果着色不匀、口感差，主要有两个原因，一是土壤含氮量过高，二是缺钾。"他从杨小三的果园里取来土样，专门跑到河北农大进行测试化验，结果表明，杨小三的果园土壤中含氮量不高，主要是缺钾。

回来后，杨双奎为杨小三开了"处方"。每棵苹果树施钾肥 0.5 公斤，半月给苹果树喷 1 次生物钾肥，连喷 3 个月。这个法儿真见效，到秋后，杨小三的苹果着色均匀了，口感也好，当然收益也增了。

打那儿以后，杨小三刻苦学习苹果树管理技术，什么氮、磷、钾、钙、铁、锌、锰、硼等营养元素，他都能说出个一二三来。经常有人打电话向他咨询苹果管理技术，他也不断到外村传授苹果管理经验。

第102道工序：叶片营养分析

> 7月中旬叶片充分成熟后采叶，以备进行叶分析。叶片能及时准确地反映树体营养状况，可以利用叶分析数据指导施肥。采摘叶片时，应注意分园分片，不要在1个果园或1棵树上采叶，确保科学性和准确性。

一叶知秋

内丘县岗底村的果农，每年七八月份，都要从自家果园里采摘一些苹果树叶片样品，交到富岗公司生产技术服务部，这项制度已经坚持了10年。

2001年，岗底村果农杨老汉的苹果树得了一种怪病。一开始，树叶由绿色变成了淡绿色，接着又变成了淡黄色，后来又变成了黄色和白色，而叶脉仍然是绿色，形成网状。杨老汉请来了县、乡、村三级农业技术员会诊，也没弄清这是啥病。

正当杨老汉一筹莫展时，河北农大教授李保国带领学生来到岗底村实习，杨老汉好像见到了救星，立即把李保国教授请到果园。李教授一看，马上肯定地说："这是缺铁造成的。如不采取补救措施，再过一段时间，叶脉的绿色也会逐渐消失，使整个叶片变成黄色和白色，最后脱落死亡。"

刚开始，杨老汉并不完全相信，就问："你怎么一看树叶就知道是缺铁呢？"

李教授解释说，由于苹果树是多年生木本植物，根系庞大，树体贮藏营养物质多，营养元素敏感，所以果树肥料吸收状态与缺素症，首先在叶片上出现，这就叫"一叶知秋"。

接着，李保国教授又列举了苹果树缺铜、缺锌、缺钾等在树叶上的表现。缺铜时，新生叶片出现坏死斑点，叶片发白，枝条弯曲，树顶生长停止，导致树体枯萎；缺锌时，新生枝条上部的叶片狭小，形成簇生小叶，叶片从新枝基部逐渐向上脱落，形成光杆现象；缺钾时，老叶和叶缘先发黄，进而变褐，焦枯似灼烧状。严重时，整个叶片变成红棕色或呈干枯状，坏死脱落。

听完李教授的讲解，在场的其他几位果农忙说，他们家的果园里就出现了这种现象，赶忙问李教授该怎么办。

"缺啥就补啥。"李保国教授指着杨老汉的果园说，这里需要补铁。有 3 个办法：一是增施有机肥，改变土壤理化性质，释放被固定的铁元素；二是叶面喷施 0.3%—0.5% 硫酸亚铁，适当补充铁元素；三是给树干注射 0.1%—0.15% 硫酸亚铁溶液。如果使用这些方法，保证药到病除。

李保国教授对在场的果农们说，治不如防，再好的刀枪药，也不如不拉口。如果提前对叶片进行营养分析，诊断出潜在的养分缺乏及叶片矿物质养分总的平衡状况，然后实行配方施肥，就能预防病害的发生，确保苹果的产量和质量。

根据李教授的提议，富岗公司当即制定了一项规定：每户果农在七八月份，采摘树冠外围中部各方向当年生长枝条中部生理成熟的健康叶片，每个果园选取 25 棵树，每棵树采 5 片叶片，组成混合样品，交到生产技术服务部进行检测分析，诊断果树营养状况，缺啥补啥，提前预防。从此以后，叶片营养分析不仅成了岗底村果树现代化生产的重要手段之一，还被写进了富岗苹果 128 道标准化生产工序。

第103道工序：物理防治金纹细蛾

　　诱虫剂＋粘虫胶是防治金纹细蛾的有效措施。8 月中旬，在第 3 代金纹细蛾始发期，每亩果园挂 6 套，可大量诱杀成虫，防止金纹细蛾对苹果树叶片的危害。

智擒"飞来将"

　　"小小诸葛亮，稳坐军中帐，摆开八卦阵，专拿飞来将。"

　　对于这个谜语，多数人都知道谜底是蜘蛛。但在这里，谜底却是富岗苹果 128 道标准化生产工序中的第 103 道工序：8 月中旬利用诱虫剂＋粘虫胶防治金纹细蛾。

　　金纹细蛾，昆虫名，身长约 2.5 毫米，遍体金黄，以危害苹果类果树为主，可造成严重灾害，严重时果园被害率 100％，每叶平均有虫斑 10 块以上时，此叶不久必落，严重影响苹果的产量和质量。6、7、8、9 这 4 个月，是金纹细蛾的危害高峰期。

　　前些年，岗底村果农在防治金纹细蛾虫害时，主要喷洒甲胺磷乳油和除虫脲化学农药，效果很好。后来，富岗公司推广有机苹果，生产绿色食品，严禁使用化学农药，并制定了严格的奖惩制度。不让用化学农药防治金纹细蛾，那该用什么办法代替呢？富岗公司把这个难题交给了公司生产技术服务部的技术员，让他们想办法解决。

面对这个难题，生产技术服务部的同志们没有退缩。在经理杨双奎的带领下，他们兵分两路：一路到河北农大找专家教授请教，一路从互联网上查找。他们从专家那里得知，用诱虫剂＋粘虫胶防治金纹细蛾效果很好，没有环境污染。粘虫胶好买，可诱虫剂到哪里去买？后来，他们从网上查到北京有一家动物研究所专门生产各种诱虫剂诱心，于是就派人前去购买。

诱虫剂和粘虫胶买来后，怎么使用，他们谁也没有经验，只好自己搞试验。刚开始，他们把粘虫胶涂在纸板上，中间放上诱虫剂诱心，把涂药的纸板放在树下，经试验，效果不够理想。他们通过观察发现，金纹细蛾成虫后喜欢在早晨或傍晚围绕树干附近飞舞，进行交配活动。根据这一现象，他们把涂药的纸板挂在1.3—1.5米高的树枝上，1张纸板每天能粘住上千只金纹细蛾。

在试验过程中，他们又发现夏季雨水多，纸板被雨水淋湿后，影响了粘虫的效果。于是，他们把纸板做成三角形盒子，像小房子一样，既挡风又遮雨，每亩果园挂6—10个，专捉"飞来将"金纹细蛾。

一天，有个果农找到杨双奎说："为啥挂上涂药纸板后，还有不少金纹细蛾在旁边飞来飞去，就是不往纸板上落？"杨双奎笑着解释说："这个药有个特性，光诱公蛾，不诱母蛾，没有了公蛾，不能交配产卵，慢慢金纹细蛾就断子绝孙了。"

据富岗公司生产技术服务部的技术员观测，第1年用诱虫剂＋粘虫胶时，每天要换一次粘虫板。到了第2年，2天换一次粘虫板。到第4年和第5年初，基本上就没有金纹细蛾了。果农们高兴地说："小小纸板房，高高挂树上，没有毒和害，专捉'飞来将'。"

第104道工序：利用天敌防治蚜虫

　　果园里的七星瓢虫、食蚜蝇、草蛉等都是蚜虫的天敌，能有效抑制蚜虫的大量繁殖，要加以保护，不要喷施对它们有害的农药。

以虫治虫

　　2001年夏天，河北农大有一位叫秦立者的研究生来到内丘县岗底村实习。

　　白天，秦立者爬上苹果树观察各种虫子的生活习性，晚上拿着手电筒在草丛里捉虫子做标本，天天如此。村民们不理解，问她捉虫子干什么。她说研究以虫治虫。"用虫子治虫子？"村民们不相信。秦立者解释说："虫子也分益虫和害虫，益虫是害虫的天敌，专门吃害虫。"接着，她给村民们讲了沈括《梦溪笔谈》中的一个故事。

　　宋神宗元丰年间，庆州地区有一种害虫叫"子方虫"，专门危害秋田里的庄稼，老百姓很着急。几天后，忽然出现了一种昆虫，样子像泥土里的"狗蝎"，嘴上长着钳，成千上万，遍地都是。它们遇到子方虫，就用嘴上的钳子跟子方虫搏斗，子方虫全被咬成两段。10天后，子方虫全被消灭，庄稼获得了大丰收。

　　故事讲完了，村民们还是半信半疑。秦立者又说："我们过去防治害虫都是用化学农药，效果虽然很好，但时间长了害虫就会产生抗药性，而且对环境也造成了很大污染。现在提倡生产有机食品，推广生物治虫，是人类尊重自然、保护自然的一种体现。"

为了让村民们充分认识以虫治虫的意义和作用，在果农大会上，秦立者把她制作的标本拿出来，一个一个地讲解。七星瓢虫，以蚜虫、松干蚧等害虫为食；捕食螨喜欢以它的近亲害螨和害螨卵为食。秦立者指着一种长着翅膀的绿色小虫说："它叫'草蛉'，看上去楚楚动人，弱不禁风，却是个凶猛的捕食者，一只草蛉一天可吸食几十只蚜虫。"

这时，人群中出现一阵骚动。有个果农说："过去俺们苹果园里有许多这样的虫子，以为是害虫，都给打药打死了，以后再也不干这样的傻事了。"

另一位果农说："你这样一讲，俺分清什么是益虫，什么是害虫了。再见了益虫就好好保护起来，让它们去消灭害虫。"

从此以后，以虫治虫成了富岗苹果128道标准化生产工序之一。

2008年夏天，岗底村的苹果树上发生了大面积蚜虫灾害。果农们把培育饲养的七星瓢虫放到果园里，同草蛉联合作战，很快就把蚜虫治了下去。这些年来，对害虫的天敌加以保护和利用，岗底村苹果树上的虫害明显减少。

"小瓢虫，真美丽，身上穿着花花衣；数数它有几颗星，一二三四五六七。小瓢虫，真卖力，一飞飞到果园里，专抓蚜虫当点心，乐得果农笑眯眯。"学校的老师还编了一首儿歌赞扬七星瓢虫，从小培养孩子尊重自然、保护环境的意识。

第105道工序：9月上旬施有机肥

施肥量达到斤果斤肥或斤果斤半肥，沟施和穴施均可。农家肥必须经过发酵腐熟后方可施用。

不比不知道

王小三，大名王群书，是岗底村一个普普通通的果农。别看他老实巴交，说话慢条细语，但他爱动脑子，肯钻研。特别是在苹果树的管理上，经常搞个小试验。

1998年，岗底村委会做出决定，把有机肥料规定为生产富岗苹果的主要肥源，严格控制化肥使用量。这个决定一宣布，果农们炸了窝，原因是有机肥用量大，投入大，施化肥省工、省力、成本低。村里从外地运来有机肥后，果农们很少有人去买。

王小三心想，既然村里推广有机肥就有一定道理，村干部对群众没有孬心眼儿。王小三通过查找有关资料，得知有机肥含有苹果树所需要的大量营养成分，施用有机肥不仅能增加苹果的产量，提高果品质量，而且还能改良土壤，提高土壤保水、保肥和透气的性能。书本上说的虽然很好，但王小三不敢全信。于是，王小三决定来个对比试验。

王小三在村后沟有3亩苹果园，1亩和过去一样用化肥，1亩用一半化肥一半有机肥，1 亩全部用有机肥。3 月下旬，王小三第 1 次施肥，以补充树体所需养分，促进开花。6 月，他第 2 次追肥，巩固坐果率。到 9 月又追了 1 次肥，以保证苹果所需营养。第 1 年，效果不太明显；第 2 年，3 亩地苹果有了很大差别。使用有机肥的苹果果形周正，着色均匀，香甜清脆，收购时每公斤 4 块多钱。使用化肥的苹果底色发青，着色差，口感不好，公司不收购，只好每公斤 2 块钱卖给小贩。从那儿以后，王小三全部使用有机肥。王小三的对比试验，也教育了其他果农，再也没有人使用化肥了。

由于王小三的苹果果品质量好，内丘县城有两个老板年年都来摘苹果，每次 170 多箱。富岗苹果因为全部使用有机肥，经检测各项指标全部达到国家标准，被消费者誉为信得过的绿色食品。

后来，岗底村把使用有机肥写进了富岗苹果 128 道标准化生产工序，严格执行，使全村生产的苹果全部达到了绿色食品标准。

第 106 道工序：施肥后灌水

施肥后必须灌水 1 次，加速养分分解，利于树体吸收。

浇水的学问

"无水不长树。水是果树各'器官'和果实产量形成的重要物质。果园土壤里的水分状况与果实产量、品质有直接关系。"杨仁生说起果园浇水来，那可是一套一套的。

杨仁生今年 60 岁，是岗底村的一位果农。虽然年已花甲，但在果树管理方面，他爱学习，好琢磨，善于总结，把自己承包的 5 亩果园管理得井井有条，年年都是大丰收，是远近闻名的能人。

杨仁生说："果园浇水看起来简单，其实里面有不少学问。水小了苹果不长个儿，肉质粗，吃在嘴里果渣多；水大了苹果含糖量低，口感差，有时还会出现光长枝条不结果的现象。"有一年，界子口村的一位果农找到杨仁生，说他家有几棵苹果树光长枝条不结果，请他去看看咋回事。来到果园，杨仁生一眼就瞅出了毛病。原来，不结果的那几棵树都栽到水垄沟的边上了，天天用水泡着，因水量过大，导致光长枝条不开花结果。杨仁生给他想了一个法儿，在地头铺了一条塑料管，让垄沟里的水从管里通过。那几棵树到了第 2 年就开花结果了。

按照富岗苹果 128 道标准化生产工序，杨仁生每年给果树浇 5 次水。春季浇 1 次萌芽水，确保果树正常开花、枝条生长及坐果；幼果速生期浇 1 次水，促进幼果发育；麦后正是树体需水高峰期，再浇 1 次水；9 月上旬施肥后，又浇 1 次水；冬季上冻后，还要浇 1 次封冻水，确保树体安全过冬。

一年夏天，天气特别干燥。杨仁生给果园浇水后没几天，发现有几棵苹果树的叶子打蔫儿了，于是用铁锹在树根前刨了一个深坑，发现土壤里含的水分很少。这是因为果园地势不平，浇水时又是大水漫灌，地势高的水少，地势低的水多。于是，杨仁生找来三马车和水桶，从山下拉水把那几棵树又浇了 1 遍。奄拉的树叶很快就直了起来，秋后也没有减产。

现在，岗底村的果园实行了滴灌，比原先大水漫灌节省了不少水资源，而且浇水也更加方便科学了。杨仁生又开始琢磨了，用滴灌浇多长时间水才能渗到苹果树的根部？浇的时间长了浪费水，浇的时间短了水量又不足。为解决这个难题，杨仁生做了一次试验。滴灌每浇 2 个小时后，挖一挖，看水渗到了什么地方，一直等到水渗到了树根底部，看用了多长时间，这样既不浪费水，又节省了时间和开支。

第 107 道工序：树干绑草把诱集害虫

每年 9 月份开始在树干上绑草把诱虫，草把离地面 20 厘米，第 2 年 2 月解除，运到果园外集中烧毁，可有效降低虫口基数。

"赛诸葛" 草把诱虫

内丘县岗底村有个能人绰号叫"赛诸葛"，今年五十有八。在岗底村，说起"赛诸葛"的故事来，那就像秋天里的葡萄，一串一串的。

"赛诸葛"自幼聪明过人，从小学到初中，每次考试都是全校第 1 名。儿时的他，也憧憬着未来当一个科学家。然而，初中毕业后，他没能被保送上高中，只好回乡务农。

回到村里后，"赛诸葛"没有忘记自己的理想，他自学无线电技术，义务为乡亲们修理收音机、电视机。在生产队劳动期间，他经常搞个小试验，什么用苦参熬汤治蚜虫，什么用南瓜秧嫁接黄瓜，等等，成了十里八乡的名人。改革开放后，"赛诸葛"承包了集体 10 亩苹果园，从此就一心扑在苹果树的栽培管理上。他根据自己的实践经验，把苹果树管理编成顺口溜，教给其他果农：成龄果树先修剪，幼树修剪三月完；专人刮治腐烂病，灭菌清园贯全年；五月立夏见小满，果树疏果紧相连；八月立秋处暑到，树喷药剂防叶掉……

话说到了 2000 年，岗底村的苹果树发展到 3000 亩，家家户户都有果园，苹果树成了岗底人的摇钱树，富岗苹果经中国绿色食品发展中心审核，被认定为绿色食品 A 级产品。为此，岗底村委会制定了一项规定：今后果树要施有机肥，用药要用低毒高效农药和生物农药，经检测凡是农药残留超标的苹果，公司按生产成本价收购，就地销毁。这个规定一宣布，果农们很难接受，议论纷纷。

不用化学农药就能防治苹果树的害虫吗？"赛诸葛"没有人云亦云，他把心思放在研究新的治虫方法上。他通过仔细观察发现，苹果树的绝大多数害虫具有潜藏越冬性，每到冬季来临之际，纷纷从树上爬到树下的草丛里、落叶中和翘起的树皮内，寻找理想的越冬场所。第 2 年春暖花开时，羽化成虫危害果树。如果利用这一特性，人为设置害虫冬眠场所，然后集体诱杀，就能减少越冬虫口基数，控制来年害虫种群数量。怎样为害虫设置一个越冬场所呢？"赛诸葛"苦思冥想。一天晚上，他正在看电视连续剧《三国演义》，诸葛亮"草船借箭"一场戏让他茅塞顿开。诸葛亮能用草船借箭，咱为啥不能用草把诱虫。"赛诸葛"在自家的苹果园里一试，还真见效，第 2 年害虫就减少了 30%，比其他果园少喷了 2 次药。

草把诱虫的具体做法是：在害虫越冬前的 8—10 月，将草把固定在树干和主干上，诱集沿树干、支干下爬寻找越冬场所的害虫钻进草把内，待害虫完全潜伏休眠后，到出蛰前（12 月至翌年 2 月），集中解下草把烧毁和深埋，杀灭草把内诱集的越冬害虫及虫卵。

"赛诸葛"把这项治虫技术传授给全村果农，取得了明显效果。从此，草把诱虫不仅成为生产无公害绿色果品的一项实用技术，也成了富岗苹果生产中的一道重要工序。现在的岗底村果农不仅用草把诱虫，还用上太阳能杀虫灯，再加上生物农药灭虫，苹果树上的食心虫、卷叶蛾、红蜘蛛、草履蚧、山楂螨等害虫得到了有效控制，果农再也不用化学农药治虫了，富岗苹果真正成了消费者信赖的放心果。

第 108 道工序：疏除内膛徒长枝

苹果摘袋之前疏除内膛徒长枝，改善冠内通风透光条件，提高果实着色度，达到果实全面着色。

君子协议

甲方：马二红。乙方：杨书海。双方经协商达成如下协议：乙方按照富岗苹果 128 道标准化生产工序为甲方管理苹果园，3 年之后亩产苹果 1500 公斤，不足部分由乙方赔偿，超出部分归乙方所有。

这是一个没有写在纸上的口头君子协议。

邢台县马河村村民马二红，在村西岳堖上栽种了 5 亩苹果树，到了 2008 年，苹果树都 5 年了还不开花，不结果。他从报纸上看到内丘县岗底村苹果亩产 2000 多公斤，收入近万元，于是就从岗底村请来一名果农当技术员，为他管理苹果园。

岗底村来的技术员叫杨书海，是村里种植苹果的能人之一。杨书海来到马二红的果园一看，苹果树长的都像大扫帚，枝条稠密，内膛郁闭。这样的树势，怎么能开花结果？他问马二红："你的苹果树咋没修剪过？"马二红说："书上画的跟树上长的不一样，我不知道剪哪个枝，所以就没剪过。"

　　杨书海拿出剪刀，"咔嚓、咔嚓"，不大一会儿就修剪好一棵树，树下的枝条落了一层。马二红看后心痛地说："你把枝条都快剪光了，还咋结苹果？"杨书海说："鸡多不下蛋，你苹果树上的无用枝条太多，不仅浪费营养，而且影响通风透光，所以不开花，不结果。"马二红还是不大相信，说："如果你剪的树还是不开花，不结果，别说给你工钱，你要赔偿我损失！"杨书海说："我敢给你打赌，如果按照俺们富岗苹果128道生产工序管理苹果，3年之后保证你亩产苹果1500公斤，达不到我赔，超过了归我。""一言为定！""一言为定！"两个人都笑了。

　　这一年，杨书海为马二红的苹果树实施了拉枝、环割、刻芽技术，对旺树进行了环剥，并每亩追施有机肥1吨。第2年苹果树就开了花，结了果。接着，杨书海又指导他防治病虫害、叶面喷肥、扭梢、摘心等管理，每棵苹果树当年就收获了30多公斤苹果。看到有了收益，马二红悬着的心总算落了地。

　　到了第4年头上，马二红按照杨书海的要求，给每亩苹果树追施有机肥1.5吨，并采取了疏花、疏果、定果、套袋、摘袋、转果等。秋后一算账，亩产苹果达到了1700公斤，马二红乐得心里开了花，非要把多产的苹果送给杨书海。杨书海笑着说："俺们岗底村推广128道生产工序，是为了让咱们农民都富起来，多产的苹果俺不要，还是留给你自己吧！"

　　从此，马二红和杨书海成了好朋友，经常打电话联系。马二红还把富岗苹果128道标准化生产工序教给乡亲们，使不少人靠种苹果富了起来。

第 109 道工序：苹果摘袋

10 月初去除果实外袋，过 5—7 天再去除果实内袋。去内袋时要在上午 7—11 点和下午 2—7 点进行，避开高温，防止烧果。摘下的果袋要及时清理出果园。

套袋容易摘袋难

2002 年的晚秋，淅淅沥沥的秋雨下了 7 天，还没有停歇的迹象。内丘县岗底村果农杨海堂在屋檐下转来转去，坐立不宁。

这一年，岗底村推广苹果套袋技术，杨海堂把果园里的苹果全部套上了袋。现在到了摘袋的时候，因为连阴雨只好推迟，他心里能不着急吗？

此时此刻，他又回想起果农大会上技术员讲课的情景。

技术员说，摘袋时间一般在苹果采摘前 25—30 天，摘袋顺序应先冠内，后外围；先摘郁密树，后摘透光树；先摘中低档袋，后摘高档袋。摘袋时，尽量不要碰果实。摘袋时，双层纸袋应先摘除外袋，5—7 天后再去除内层袋，以防太阳暴晒产生日灼，烧伤果面。如遇阴雨天，时间就要往后推迟。摘袋后要喷施 1 次杀菌剂，防止病菌感染和害虫危害。

技术员再三强调，摘袋时间一定要掌握好，如果太早，果实暴露的时间长，日灼病和轮纹病易发生，且着色也差；如果太晚了，含糖量低、口感差、风味淡，且采收后易褪色。

这天吃过晚饭，杨海堂没有一点儿心情，就连最爱看的电视节目他也懒得去看。他躺在床上翻来覆去像摊煎饼，久久不能入睡。晚上他做了一个梦，梦见雨停了，天晴了，太阳露出了美丽的笑脸。

第2天，杨海堂起床后乐了，晴空万里，天高云淡。杨海堂催促老伴儿赶快做饭，吃完饭马上去果园给苹果摘袋。

杨海堂带着一家人来到自家果园，心里开始犹豫起来。他果园里的苹果套的都是双层袋，按照技术员讲的，应该先摘掉外层袋，过7天再去摘掉内层袋。可他又一想，前几天连阴雨已经耽误了好几天，再等几天会不会摘袋晚了，影响苹果质量。杨海堂摘苹果袋是大姑娘上轿——头一回，也没有经验，估摸着把双层袋一起摘下来不会有啥大事儿。于是，杨海堂领着一家人只用了2天工夫，就把苹果树上的外袋和内袋全部一次性摘完了。

说来也怪，杨海堂摘完苹果袋后，连续几天天气特别好，气温也比较高。刚摘袋的苹果果皮十分娇嫩，经太阳光一照射，苹果树外围的苹果基本上都烧了。轻点的是黄红色，重点的不上色，严重的果皮变成了褐色。这一下可把杨海堂坑苦了。由于他的果品质量差，公司不收购，只好贱卖给小商小贩，真是赔了夫人又折兵。

通过这件事，杨海堂可真长记性了，再也不敢不听技术员的话了。富岗苹果128道标准化生产工序推出后，杨海堂一字一句认真学习，刻苦钻研，背得滚瓜烂熟，实施起来从不敢打折扣。如今的杨海堂，隔三岔五还到周围村给别人讲讲课，实行有偿服务。每次讲课时，他都说说自己的故事，告诫大家不能给科技打折扣，丁是丁，卯是卯，来不得半点儿马虎。

第 110 道工序：喷施杀菌剂

苹果摘除内袋后，立即喷施 400—500 倍过氧乙酸杀菌剂，防止果实受病菌侵害。

苹果摘袋之后……

秋分刚过，王老汉就辞掉了县城保洁员的临时工作，慌忙往家赶。

王老汉是内丘县岗底村的一名果农，承包了集体 2 亩果园，他要马上回到村里给苹果摘袋。给苹果摘袋的时间要求比较严格，摘得早了，苹果暴露时间长，日灼病和轮纹病易发生，且着色差；摘得晚了，就会使苹果含糖量低、口味淡，且采摘后易褪色。摘完袋以后，果园里的活儿更多了，摘叶、转果、铺地光膜……一个接着一个，王老汉能不心急吗？

在岗底村，家家户户都有苹果园。一般情况下，6 月份给苹果套完袋后，果园里的活计少了，家里人手多的人家，就外出打工。但秋分一过，就立马回家操持果园。

王老汉回到家第 2 天，就带着家里人去果园摘袋。套袋时，苹果像手指头肚大小，摘袋时已长到半斤四两，白白的、嫩嫩的，像刚出生的婴儿，细皮嫩肉的。在王老汉眼里，这不是苹果，而是一个个金元宝，他不由得心花怒放。

摘袋一星期后，王老汉到果园去转果。转果就是把朝阴的苹果转向朝阳的方向，让整个苹果着色均匀。王老汉来到果园一看，吓了一跳。原来苹果果面上长满了小红点，小的像芝麻，大的像绿豆。王老汉二话没说，立刻下山去找村里的果树技术员。

来到技术员家，王老汉见有不少果农也在这里。原来，出现这种情况的不只他一家，全村几乎家家户户都这样。

当时，技术员也不知道是什么原因造成的，就马上在书上和网上查找。他们发现山东出现过这种情况，叫"水烂点"，是由斑点落叶病菌侵染造成的。怎么防治？网上也没有明确的答案。技术员又立即拨通河北农大教授李保国的电话，把情况说了一遍。李保国在电话里说："马上喷施9281杀菌剂控制，晚了就会造成苹果腐烂。"于是，全村果农立即行动，对摘袋后的苹果喷施9281杀菌剂。由于防治及时，病情很快得到了控制。

大约过了20天，李保国专门到岗底村，查看斑点落叶病菌侵染苹果的防治情况。在果农大会上，李保国专门讲述了苹果摘袋之后如何防止果实受病菌侵害。他说，果实长期在袋内受保护而发育，细皮嫩肉的，抗病能力比较差。摘袋之后，突然暴露于外界，风吹雨打日晒，短时间内很难适应新的环境，从而发生生理伤害：一是易造成日烧红点；二是易发生裂纹感染病害；三是受斑点落叶病侵染而发生红点。所以，摘袋以后要马上喷洒9281杀菌剂或天达2116抗病增产剂，以提高苹果摘袋后的抗逆性，从而大大减轻红点病和果皮裂纹感染病害的发生。

这个故事发生在1997年，从那儿以后，岗底村再也没有出现过这样的情况。因为富岗苹果128道标准化生产工序中的第110道工序写得很清楚：苹果摘除内袋后，应立即喷施生物农药和苏云金杆菌（BT）制剂或农抗120，防止苹果受病菌侵害。果农都严格按照128道工序生产，红点病当然再也不会发生了。

第 111 道工序：摘叶

> 9 月中下旬，在摘除果实内袋的同时，摘除果实周围的遮光叶及贴果叶，使 60% 以上的果面受到直射光的照射。摘叶时保留叶柄，摘叶量控制在总叶量的 30% 以下。

一字之差　追悔莫及

内丘县岗底村果农杨会春是个公认的实在人，他对人实在，干活也实在。有时候，由于头脑不够灵活，也常常干出一些让人哭笑不得的事来。

前些年，岗底村的果农还不知道苹果在去袋前要摘叶。由于叶片遮挡了光线，苹果着色不均匀。特别是那些紧贴果面的叶片不摘除，使苹果局部形成绿斑或黄斑，影响了果品质量。

1998 年，河北农大教授李保国来岗底推广苹果摘叶技术。在果农大会上，李保国教授详细讲述了苹果为什么要摘叶，怎么摘叶及注意事项。

李保国教授说，叶片是进行光合作用的场所，前期和中期要保护好叶片，使之制造养分。在果实成熟前 20—30 天，就要摘除那些紧贴果面和遮挡果实光照的叶片，使果实受光均匀，才能着色鲜艳。摘叶过早果面紫红不鲜艳，摘叶过量，直射光过多，果实呈绛红色，甚至发生灼伤。摘叶时尽量先摘遮光的薄叶、黄叶、小叶等功能低下的叶，后摘影响果实的贴面叶。尤其是果实梗洼处的叶片遮光严重，及时摘除不仅可增加着色 15% 左右，还可以避免害虫借助部分叶片危害果实。摘叶时要特别注意，不要从叶柄基部摘除树叶，以免损伤母枝的芽体和造成伤口水分流失。摘叶量要严格控制在总量的 30% 以下，摘叶量过大就会促发晚秋梢，影响树体的健康生长。

果农大会结束后，村民纷纷来到自家果园，开始给苹果树摘叶。杨会春也来到了自家的苹果园。李教授在会上讲得很多，他没有记全，光知道摘叶对苹果着色有好处。杨会春一看树上有这么多遮光叶，一个一个摘太麻烦了，如果用手把枝上的叶片捋下来又省工又省力。他心里这么想，还真的这样做了。一个摘叶，一个捋叶，虽然只有一字之差，但结果大不相同。

河北农大的李保国教授心直口快性子急，怕果农们理解不了他讲的摘叶技术，就带着村里的两名技术员到各个果园检查。当他们来到杨会春的果园时，李教授的鼻子都被气歪了。他指着正在树上捋苹果叶的杨会春说："下来，下来！谁教你捋叶子的？"老实巴交的杨会春像做错事的孩子，结结巴巴地说："这，这样捋叶比摘叶省事多了。"

李保国教授一听，哭笑不得，告诉杨会春说："你这样用手捋叶子，树上叶子少了，树根上吸收的养分没地方消耗，就会刺激枝条二次萌发，10 天之后顶花枝就会第 2 次开花，不仅影响当年果实着色和口感，还会使下一年苹果少开花、少结果。"

杨会春一听吓坏了，"噌"的一下从树上跳了下来。幸亏李教授发现得及时，杨会春才捋了六七棵树，要是发现晚了，杨会春的损失可就大了。就这，杨会春也是追悔莫及。他羞愧地对李教授说："对不起，对不起，都怨俺脑瓜子笨，没听明白，俺再也不捋树叶了。"

第 112 道工序：地面铺反光膜

> 红色品种，于果实着色期，在树冠下铺设反光膜，促进果实着色，减少"青头果"，提高果品相和商品价值。

富岗苹果为什么红

家喻户晓的成语凿壁借光，说的是汉朝匡衡少年时借邻居家烛光刻苦读书，后来成为汉元帝的丞相和西汉时期著名学者的故事。今天的岗底果农给苹果树铺设反光膜，借太阳光为苹果着色，每亩增加收入 1700 多元。

岗底村种植苹果有 40 多年的历史。过去，由于光照不均匀，长出来的苹果半个红半个青，半边甜半边酸。果农戏称"青红脸"。后来，他们采用了套袋技术和转果、摘除果实上遮光叶片措施后，"青红脸"问题解决了。但由于苹果底面不见光，成了青头果。随着市场对果品质量要求越来越高，青头果成了岗底果农心中的一块儿心病。

1998 年 10 月，河北农大教授李保国来到岗底村，推广苹果树铺设反光膜技术。他介绍说，苹果树下铺设反光膜，能很好地解决苹果底部光照不足问题，使苹果着色度提高 1 倍，同时能提高果实亮度和含糖量。给苹果树铺设反光膜对山里人来说是个新鲜事儿，再加思想保守嫌麻烦，公司买来 100 公斤反光膜，只发出了一半。

　　杨双奎和杨二平都是富岗公司生产技术服务部的技术员，两人合包了村里9亩苹果园。董事长杨双牛鼓励他们二人先带头搞示范，成功后再向全村果农推广。这一年，杨双奎和杨二平把9亩苹果园全部铺上了反光膜。等到采摘苹果的时候，其他果农纷纷前来参观，不由大吃一惊。他们树上结的苹果几乎没有青头果，而且果实光亮、色泽鲜艳、酸甜可口、细脆无渣。公司收购苹果时，其他果农的苹果每公斤卖4.6元，杨双奎和杨二平的苹果每公斤卖到了5.4元。每亩按产果2500公斤计算，比其他果农多收入4000元，就是除去反光膜成本400元左右，还多收入3400元。

　　到了1999年，富岗公司从外地购来500公斤反光膜，被果农一抢而光。在果农大会上，技术员把铺设反光膜的时间、方法和注意事项，讲得清清楚楚，明明白白。铺设反光膜的最佳时机是在苹果摘袋以后2—4天，效果最好。铺设的位置离树干0.8—1米，每隔一段距离要用小塑料袋装少许沙土压膜，防止被风刮跑。小塑料袋要压在反光膜边缘，以增加反光面积。铺设反光膜之前，还要根据实际剪掉一部分无用枝，摘掉部分遮光的树叶，以增加透光度，增强反光膜的作用。当年富岗公司还做出决定，果农秋后交售500公斤优质果，公司将奖励5公斤反光膜。

　　如今，苹果树地面铺银色反光膜，不仅成了富岗苹果的一道重要生产工序，而且也成了岗底和周围村的果农增收的一项重要措施。

第 113 道工序：转果

> 红色品种在果实阳面充分着色后，把果实背阴面转到向阳面，促使果
> 实充分着色，使果实全红。

聪明汉的糊涂事儿

李老汉走在蜿蜒的山路上，心里美滋滋的，一边走一边唱："我站在城楼观山景……"

李老汉是北店村的一位果农，脑瓜灵，人聪明，就是有一个小毛病——遇事好粗心大意。这几年，他跟着岗底村的表弟学种苹果，发了一笔不大不小的财。这不，他刚从表弟家回来，又学了一项苹果管理技术——转果，他心里能不高兴吗？

苹果在成熟前，果实的阳面在光照条件下，合成大量花青苷而呈红色，但果实阴面缺乏光照刺激，往往着色不良，因而要通过转果加以调节，这是达到苹果全面着色的一项技术措施。转果时，用手轻托果实将阴面转到阳面。如果是双果或相邻果，一手托一个，向相同方向扭转使阴面转向阳面。转果应顺着同一方向进行，否则扭来扭去，果柄易脱落。如遇自由悬垂果不好转向，可将其调转好方向后用窄透明胶带固定，等采收时再取下胶带。转果时间应从苹果摘袋后5—6日开始。转果在果面

温度开始下降时为宜，晴天一般在下午三四点后进行，阴天可全天进行，以防日灼。

李老汉从岗底村回来，没有往家拐，直奔自家苹果园。看到满树套袋的苹果，心里乐开了花。今年又是一个好收成，李老汉心里琢磨着。

一转眼，半月过去了。到了转果那天，李老汉一看天气阴沉沉的，心想，转果是为了增加光照，没有太阳咋光照，等晴天了再说吧。

第2天，秋高气爽，阳光灿烂，李老汉立马带着全家到果园去转果。一连忙碌了3天，才把果园里的苹果转完。

1个星期后，李老汉来到果园查看转果后苹果着色情况。眼前的情景，让李老汉再也笑不起来了。有的苹果红得发紫，有的苹果因日灼颜色变成褐色。李老汉二话没说，马上跑到岗底村找表弟，一见面就说："你可把老哥害苦了。"表弟不知道发生了什么事，倒了一杯水，劝他坐下慢慢说。

听完李老汉的讲述，表弟埋怨说："都说你脑瓜聪明，咋光办些糊涂事儿。"原来，表弟传授给他转果技术时，再三嘱咐他转果宜在早、晚进行，避开阳光暴晒的中午，以防日灼。可李老汉心里光高兴了，早把这茬给忘了，还专门找了好天气转果。这可真是粗心大意，自讨苦吃。

这个故事发生在2003年。如今，李老汉已到古稀之年，但他念念不忘那次深刻的教训，经常教育儿孙们，管理苹果要严格按照富岗苹果128道标准化生产工序中的规定去做，不能有半点儿马虎。

第 114 道工序：准备采果剪

苹果采摘前，要对采果剪进行检修，切忌用手拽或用普通剪刀采摘，
以防损伤梗洼和划伤果面，降低苹果商品率。

扁口钳的故事

扁口钳，原本是电工师傅的专用工具。但是，岗底村果农用它采摘苹果，
却收到了意想不到的效果。

过去，岗底村的果农采摘苹果，都是用手往下拽，苹果上留下了
长长的果柄，再装进筐内运下山。1997 年，岗底村的果农实施苹果套
袋技术，苹果着色好了，含糖量高了，果皮也薄了。在往山下运输过
程中，由于果柄长，皮薄，苹果经常相互扎伤，影响外观。俗话说，
货卖一张皮。果面一损伤，就卖不上好价钱。从第 2 年开始，富岗公
司要求果农上交公司的苹果果柄的长度，不能超出苹果的梗洼处。否则，
一律不收购。

第 2 年霜降一过，岗底村满山遍野的苹果都熟了。怎么使采摘下来的
苹果果柄不超出梗洼处？果农们各想各的招儿。有的用普通剪刀直接从树
上剪，由于果柄周围是凹下去的，一不留神，剪刀尖就会划伤苹果。有的
用剪树剪，虽然扎不伤苹果，但由于剪子太大，留下的果柄超过了 1 厘米，

达不到公司的要求。有的就用刀子拉，用劲儿小了拉不断果柄，用劲儿大了又拉坏了苹果。有人干脆把苹果先摘下来，再用剪刀剪除果柄，然后装筐往山下运，费工又费时。有两户果农合包了集体的一个果园，采摘苹果时都是用普通剪刀剪的，送到公司后，质检人员发现 60% 的苹果被剪刀尖划伤，只有 40% 符合标准，每亩减少收入 6000 元。在收购现场，双方互相指责，你说他划伤的，他说你划伤的，狠狠地吵了一架。

小果柄成了岗底果农挠头的一件事儿，也让富岗公司生产技术服务部的经理杨双奎寝食难安。他是主管苹果收购质量的，看到那批被挑出的苹果，也很心疼。他整天琢磨着，用什么工具采摘苹果，苹果才能不被划伤。这天，杨双奎家里安装有线电视。临走时，安装人员把一把扁口钳忘到了他家。看到扁口钳，杨双奎眼前一亮，扁口钳没有锋利的钳尖，能剪断铁丝，剪苹果果柄更不在话下。于是，杨双奎拿起扁口钳就来到自家果园里试验。一试，不仅划不伤苹果，工效也很高，留下的果柄只有 0.5 厘米，完全达到了公司规定的标准。

杨双奎把这个消息告诉了乡亲们，他们都去商店买来了扁口钳，摘苹果又快又好又有劲儿，再也没有苹果被划伤了。后来，山东有一个厂家发现了这个商机，研制出采摘苹果的专用剪，着实发了一笔财。现在，不仅岗底村的果农，就连周围村的果农，也都用上了采摘苹果的专用剪。

第 115 道工序：检测苹果含糖量

苹果采摘前 5—10 天，经测定苹果含糖量达到 14% 以上时可采收，达不到则延期采收。

偷鸡不成蚀把米

中国有句歇后语，偷鸡不成蚀把米。意思是说，本想占个小便宜，结果吃了个大亏。在现实生活中，类似的事并不少见。

话说 2000 年，富岗苹果被中国绿色食品发展中心认定为绿色食品 A 级产品，并颁发绿色食品证书。根据绿色食品的要求，富岗公司对苹果的含糖量、硬度、农药残留制定了严格的标准，每年 10 月底在苹果采摘前进行检测，凡是达不到标准的，以生产成本价收购，就地销毁，并把这些措施写进了富岗苹果 128 道标准化生产工序。

岗底村有个果农绰号叫"鬼见愁"，此人见人说人话，见鬼说鬼话，连眼睫毛都是空的，拔下来就能当哨吹。富岗公司的决定一宣布，"鬼见愁"可真的发了愁。他算了一笔账，4 亩苹果园如果全部使用有机肥和生物农药，比使用化肥和有机磷农药一年要多花 4000 多元，"鬼见愁"心疼死了。可"鬼见愁"又一想："全村 178 户，3000 多亩苹果树，他们能全部检测一遍？说是检测，那是吓唬胆儿小的，我才不信那一套！"

"鬼见愁"抱着侥幸心理，在山地的 2 亩苹果园使用有机肥和生物农药，在河滩地的 2 亩果园继续使用化肥和有机磷农药，看看能不能蒙混过关。

到 2003 年 10 月，富岗公司专门派人到上海买来一套苹果含糖量、硬度、农药残留快速检测仪，聘请河北农大一名老师任检测员。苹果采摘前，他们从每个果园采集 3—5 个样品，统一检测，一户不漏。结果，"鬼见愁"的把戏露馅了，"鬼见愁"山地果园里的苹果符合绿色食品标准，而河滩地的苹果含糖量低、硬度不够、农药残留严重超标。"鬼见愁"不服劲儿，狡辩说："山上和山下用的都是一样的肥、一样的药，为啥有的合格有的不合格，是你们的仪器出了问题吧，要么就是你们把样品弄错了。"检测人员拉着"鬼见愁"重新采摘了样品，当场化验检测。在事实面前，"鬼见愁"无话可说了。

按照公司规定，"鬼见愁"4000 公斤农药超标的苹果按生产成本价收购，就地销毁。为此，"鬼见愁"损失了上万元。

"鬼见愁"偷鸡不成蚀了把米，打掉门牙肚里咽。

"鬼见愁"的事儿也给全村果农上了一堂课。后来，大家都严格按照富岗苹果 128 道标准化生产工序生产，连续 10 年检测都没有发现含糖量低、硬度不够和农药残留超标的苹果。中国绿色食品发展中心每年派人来岗底村进行绿色食品达标验收，年年都顺利通过。难怪消费者称赞说："吃富岗苹果最安全，俺们也最放心！"

第 116 道工序：分类采收

　　首先采树冠上部、外围着色好的、个儿大的果实；树冠内和树冠下部的果实等完全上色后及时采摘。不要一次性采摘完，影响果品质量。

萝卜快了也洗泥

　　中秋节、国庆节前后，正是苹果的采摘季节，更是销售旺季。这时，大多数果园已是树净园空了，然而，在内丘县岗底村的"三山两峪一面坡"上，压弯枝头的富岗苹果，像朝霞，似红云，组成了一幅色彩斑斓的天然画卷。

　　岗底人咋啦？坐失苹果销售旺季，是不是脑子进水了？

　　岗底人脑子没有进水，这是他们的精明，也是对消费者的负责。

　　20 世纪 90 年代，岗底村的果农也是赶在中秋节、国庆节到来之际，一次性把苹果采摘完，堆成大堆，然后再按个头儿大小进行分拣划级。由于一棵树上结的苹果所在部位不同，成熟程度不一致，有的着色好，有的着色差，有的含糖量高，有的含糖量低，再加上分拣苹果时又对苹果果面造成伤害，这样就降低了苹果的质量和商品价值。

　　1997 年，河北农大林果专家李保国到岗底村指导苹果管理时，建议果农分期、分批、分类采摘苹果，以提高果实的商品均一性。具体办法是：

第 1 批先摘树冠上部、外围着色好的、个头儿大的苹果；第 2 批 5—7 天后进行，同样选择色好、果大的采摘；再过 5—7 天，树上所剩苹果全部采摘。一般前两批采摘的苹果要占整个采摘量的 70%—80%。这样既保证了苹果的质量，又减少了苹果分拣的工序，避免了果面的划伤，大大提高了富岗苹果的商品价值。

后来，随着富岗苹果市场走俏，苹果价格多在高位运行，个别果农忽视了确保富岗苹果的质量和特色问题，摘青、早摘现象时有发生。为此，富岗公司专门召开了果农大会，公司总经理杨双牛语重心长地对大家说："现在咱们富岗苹果销路好，但不能萝卜快了不洗泥。早摘几天苹果看起来是件小事，但降低了苹果的质量，得罪了消费者，毁了富岗的牌子，就砸了咱们的饭碗，这可是天大的事啊！"

响鼓不用重槌敲，这一席话让大家心服口服，明白了"消费者是上帝，信誉是生命"的道理。会后，他们把分期、分批、分类采摘苹果写进了富岗苹果 128 道标准化生产工序，严格执行，不许走样。

2011 年中秋节前夕，一位叫宋国强的记者到岗底村采访，写了一篇散文《岗底中秋无采摘》，其中有这样耐人寻味的一段话："虽然没有尝到富岗苹果，但记者感到收获满满——那是来自岗底人对消费者的负责，对'富岗'品牌的忠诚，那是岗底人奔向美好未来的底气和实力！"

第 117 道工序：剪除果柄

苹果采摘时，对带有果柄的苹果要随即剪除果柄，防止果实之间互相扎伤，影响质量。

20 把果柄剪

被习近平总书记誉为"太行山上的新愚公"的李保国教授去世后，岗底村成立了李保国 128 科技服务小分队，踏着李保国的足迹走南闯北为果农传授苹果管理技术。2017 年 10 月的一天，小分队来到了唐山遵化市。县林业局温桂华总工程师向大家介绍说："咱们这一带给苹果剪果柄的技术，还是 10 多年前岗底村的技术员传授的。"接着，温总工讲起了当年那桩事儿⋯⋯

2004 年采摘苹果的时候，岗底村生产技术服务部经理杨双奎受李保国教授之托，来到遵化市张各庄村指导苹果管理。时任遵化市林业局植保站站长的温桂华陪同杨双奎来到一处果园，只见果园里堆着一大堆从树上摘下来的苹果，少说也有 2000 多公斤。杨双奎拿起苹果一看，都带着长长的果柄，就问："怎么不把果柄剪掉？"温桂华站长说："我们这里果农摘苹果从来都不剪除果柄。"杨双奎说："过去我们岗底村也不剪除果柄，后来发现堆在一起苹果有不少被果柄扎伤，果面破了相影响了质量，就卖不上好价钱。"说着，杨双奎从大堆里挑出几个苹果让大家看，每个苹果都有被果柄扎伤的痕迹。

这时，正好有位苹果经销商来果园收购苹果。看了苹果后，苹果经销商说："苹果个头儿不小，口感也不错，就是果面有些划伤，如果论堆卖，每公斤 4 毛钱，要是把果面有伤的挑出来，每公斤 5 毛钱。"果园的主人忍痛割爱，1 亩苹果少卖了 1000 元。

买苹果的走了，果园的主人对儿子说："回家把你妈做衣服的剪刀拿来剪果柄。"杨双奎说："剪除果柄要用专用工具，普通剪刀容易划伤果柄凹处。"儿子说："我有个办法看行不行。"说完，像变戏法一样拿出一根铁丝，把一头窝成钩，用钩套住果柄，大拇指按住用力一拽，果柄就下来了。试了几个后，杨双奎说："这个办法不行，一是速度慢，二是有的把果柄根拔了出来，这个地方就会出现腐烂，苹果不易存放，最好还是用果柄剪。"

温桂华站长说："我们没见过果柄剪，哪里有卖的？"杨双奎说："我们那里的集市上都有卖的，回去后给你们捎几把来，如果好用，再大批订购。""那太好了，谢谢杨经理了。"

从张各庄回县城的路上，路过一个庙会，杨双奎说："咱们下去转转，看有没有卖果柄剪的。"他们从东转到西，从南跑到北，终于发现了一个卖果柄剪的，温站长一下子买了 20 把，他说："我们要把剪除果柄这道工序在全县果农中推广，以提高果品质量，增加果农收入。"

后来，剪除果柄这道工序也在遵化市得到了普遍推广。

第118道工序：集中打药防治病虫害

采摘完苹果后，可喷施符合绿色食品生产要求的杀虫杀菌剂。喷药时要均匀、彻底，树缝、树洞及果园周围杂树灌木也要喷到。此时打药防治，能大大减少第2年病虫害的基数。

四两拨千斤

自从河北农大教授李保国来到岗底村后，他指导果农科学管理苹果树，经过几年努力，岗底村"三沟两峪一面坡"上的苹果树长势一年比一年好，产量一年比一年高，收入一年比一年多。2001年，岗底村人均收入达到了1万元。

2002年，岗底村又是一个丰收年。正当大家沉醉在丰收喜悦之中的时候，李保国教授召开了一次果农大会。会上，李保国教授说："现在苹果已经采摘完了，销售得也差不多了，咱们不能光高兴了，要抓紧时间给苹果树打一次药。"

有的果农问："现在树上没有苹果了，再打药还起啥作用？"

李保国教授解释说："现在气温比较低，大多数病虫害都趋于危害末期，生命力大大减弱，而且都在果树及土壤等寄生居所的表面，比潜伏之后或"出蛰"前后更容易防治。一旦进行防治，能起到四两拨千斤的功效，大大减少病虫害的基数。再说了，现在树上没有果，打药不会造成农药残留。"

与会的果农一听李保国教授说的有道理，就问："打什么药？"

李保国教授说："打戊唑醇，主要防治腐烂病、干腐病、轮纹病、炭疽病等；打毒死蜱，主要防治苹果棉蚜；打高效氯氰菊酯，主要防治潜叶蛾、食心虫等。"

"什么时间打药效果最好？"

"11月中下旬。"李保国教授嘱咐说，"打药时，要选择晴朗无风的天气，气温不低于15摄氏度，时间最好在上午10点以后，下午3点以前。刮风、低气温，都会影响药效。"

果农会结束后，大家纷纷按照李保国教授讲的，开始给苹果园喷药。第2年，果农发现病虫害发生率有了明显降低。从那儿以后，岗底村的果农每年到11月中下旬，就给果园打一遍药，这也成了一道不可缺少的生产工序。

第119道工序：树干涂白

采完苹果后至上冻前，用石硫合剂原液 0.5 公斤 + 食盐 0.5 公斤 + 生石灰 3 公斤 + 食用油 0.1 公斤 + 水 10 公斤调均匀，涂刷苹果树干，可起到防冻和杀菌灭虫的作用。

果树穿上防护衣

公安系统有条宣传标语，叫"有困难，找警察"。在内丘县岗底村一带，果农们也有一句话叫"有难事儿，找双奎儿"。杨双奎是岗底村的林果技术员，是远近闻名的大能人，经常到各地指导苹果树栽培管理技术。

2013 年 4 月 9 日上午，省内有关部门组织专家到岗底村验收"苹果省力化栽培项目"，县、乡领导全程陪同。吃过午饭，杨双奎想到自家果园去干活，却被乡里的领导叫住，说白鹿角村、西台村和唐家村的苹果树出现腐烂病，树死了有一半多，让他去看看，并想法治一治。热心肠的杨双奎二话没说，坐上小汽车直奔白鹿角村。

来到苹果园，现状让人心疼。去年栽种的苹果树，从地皮以上全部枯死。杨双奎告诉村干部和果农，这是干腐病，不是腐烂病。这种病多发生在 1—5 年生的树上。发病原因主要是冬季温度过低。接着，他又说，干腐病又称"干腐烂"，这种病发生在小树上多，大树上少；弱树上多，壮树上少。特别是头年冬季寒冷时，树干保护不好，第 2 年春季易发病。这种病只能预防，很难根治，关键是保护树体，做好防冻工作。

杨双奎给他们讲了一个故事。2009 年，岗底村果农安食堂的 50 棵苹果树被冻死了。杨双奎到果园一看，在地面以上 10 厘米内的果树全部枯死，有的树是阴面干枯了，阳面还活着。杨双奎教给安食堂一个法儿：每年上冻前，用生石灰 + 食用油 + 食盐 + 水调和成液体，把树干刷一遍。从此，安食堂的苹果树再也没有出现过冻害，也没生过干腐病。

听完故事，在场的人明白了，防治干腐病的有效方法就是冬季给苹果树干涂上用生石灰 + 食用油 + 食盐 + 水调和成的液体。

杨双奎说："对，这叫树干涂白，是给过冬的苹果树穿上防护衣，以防治干腐病的发生和苹果树因气温低而冻死。在俺们岗底村，给苹果树干涂白，早已成了富岗苹果的重要生产工序。"

在场的乡领导表示说："今年入冬前，要督促果农把所有的苹果树干涂白，哪个村不落实，就找你们村干部算账！"

第120道工序：清理果园

> 在苹果树落叶后至上冻前，对果园进行一次大清理，把枯枝落叶和病果、虫果、烂果集中运出果园烧毁，以防病虫害的传播。

冬天里的一把火

著名歌手费翔一曲《冬天里的一把火》，"烧"红了大江南北。内丘县岗底村的一位果农，却用一把火烧出来一座气化站。这听起来好像有点儿天方夜谭，但这是一个真实的故事。

岗底村自1984年治山治水种苹果以来，经过20个年头，使全村苹果树发展到3000多亩，家家户户都有果园。

3000多亩苹果树，别的不说，光一年四季修剪下来的枝条就有30万公斤。早些年，果农把剪下来的枝条都扔到果园里，等晒干后拣大的背回家当柴烧。后来，农民生活条件好了，做饭用煤用电，再也没有人从山上往山下背干树枝了。于是，果农们就把果园里的枯枝落叶和杂草堆放在地头儿上，任凭风吹雨淋。

河北农大教授李保国来到岗底村后，对果农们说，枯枝落叶和杂草是病虫害越冬的场所，必须及时清理掉，否则来年气候变暖时，虫卵就会羽化成蛾，危害果树。病菌也会通过空气和雨水传染到果树上，使腐烂病、霉心病、轮纹病再次发生。李保国给村委会提了一条建议，要求果农每年冬季进行一次果园清理，将枯枝落叶和杂草运出果园，集中销毁。富岗公司把这项措施写进了富岗苹果 128 道标准化生产工序。

这事儿说起来容易，做起来很难。这么多枯枝落叶和杂草，从山上往山下鼓捣，又费事又费力，而且东西一文不值，果农们积极性不高。一年冬天，有户果农为了省事，把堆放在地头上的枯枝落叶和杂草偷偷点燃，由于风向突然改变，把自家果园烧毁了一半。

这件事引起了村委会的高度重视。这把火多亏是在河滩上的果园里，如果是在山上，火借风势，风助火威，非来个火烧连营不可，后果不堪设想。

村委会经研究决定，投资 300 万元建了一座气化站，把枯枝落叶和杂草变废为宝。2010 年，气化站正式投入使用，枯枝落叶摇身一变成了清洁燃气，供全村果农取暖做饭。果农用气不用付钱，0.7 公斤树枝换 1 立方米燃气。

自从有了气化站，果农们都主动把树枝拉下山，交到气化站，既保护了果园环境，又根除了虫卵和病菌的越冬场所，大大减少了第 2 年虫口密度，降低了发病率，提高了苹果的产量和质量，增加了果农的收入。

这正是：村里建起气化站，做饭不用煤和电；枯枝落叶变成宝，病菌害虫全完蛋；果树体壮花果多，果农个个喜开颜。

第121道工序：穴施微肥

采果后，每棵树穴施硼砂、硫酸锌、硫酸亚铁200—250克，施肥深度30—40厘米，可增加树体贮藏营养，防止苹果树小叶病和缺铁性黄叶病的发生。

因小失大

内丘县岗底村和白塔村，山连着山，水连着水，果园挨着果园。虽然两个村都种苹果，但管理方法不大一样。后来，白塔村的果农发现岗底村的苹果产量高、质量好，卖的价钱贵。于是，就偷偷学习岗底村管理苹果的经验，受益匪浅。

岗底村果农王老汉的果园和白塔村果农刘老汉的果园紧挨着，中间仅隔一道土埝。王老汉施什么肥，刘老汉就施什么肥；王老汉咋修剪，刘老汉就咋修剪。有一年秋天，采摘完苹果，清理好果园，王老汉按照富岗苹果128道标准化生产工序，给苹果树穴施微肥（铁、硼、锌），以增加树体贮藏营养，防治缺铁性黄叶病、小叶病的发生。刘老汉见状不知道是干啥，就问王老汉："老哥，你在干什么？"王老汉说："我给苹果树穴施微肥。""跟撒芝麻盐似的，能管啥事？我才不花那冤枉钱呢！"刘老汉虽然嘴上没有说，心里却是这么想的。

1年、2年、3年过去了，刘老汉的苹果树也没闹什么病、什么灾的，长势也不错，苹果收得也不少。刘老汉心想，富岗苹果管理技术也没什么奥秘。

说话间到了 2006 年的夏天。一天上午，刘老汉来到果园给苹果树喷杀虫剂，发现新树梢顶端叶片的叶肉发黄，叶脉两侧为绿色，叶片呈黄绿相间的网纹状。过了一段时间，黄化程度逐渐加重，全叶变成黄白色，进而叶缘焦黄，有些树叶干枯脱落，这下刘老汉慌了，马上跑到对面果园，把王老汉叫来，说："老哥，你快看看我的苹果树是得了啥怪病！"

王老汉摘下几片叶子，仔细看了看，说道："这叫缺铁性黄叶病，对果树的成长发育影响很大，轻者生长迟缓，产量下降，重则树叶枯死，严重时导致整棵树死亡。"

一听说能造成苹果树死亡，刘老汉害怕了，忙问："有办法防治吗？"

"有，专家给俺们培训时，专门讲了防治缺铁性黄叶病的法子。"王老汉说，"一是在春季苹果树发芽前给枝干喷 1 次 0.3%—0.5% 硫酸亚铁溶液，生长期喷 0.1%—0.2% 硫酸亚铁溶液，每 15 天左右喷施 1 次，连喷 3 次；二是叶面喷施 0.1%—0.2% 螯合铁溶液；三是秋季追施农家肥时，把硫酸亚铁溶于水和农家肥混合施入树冠周围土中，每亩施硫酸亚铁 10—15 公斤。你试试，保准见效。"王老汉教的方子，刘老汉牢牢记在了心里。

"为啥缺铁就会发生黄叶病？"刘老汉闹不明白。

王老汉解释说："苹果树生长除需要氮、磷、钾等大量元素肥料之外，还需要一定的铁、硼、锌等微量元素肥料。铁虽然不是叶绿体的组成部分，但合成叶绿素必须得有铁的存在。如果苹果树缺铁，叶绿体结构被破坏，导致叶绿素不能形成，就成了黄叶病。"刘老汉虽然听不太懂，却一直在点头说："是，是，是……"

刘老汉说："咱们的果园土质都一样，你的苹果树咋就不缺铁？"

王老汉回答说："俺每年秋后给果园穴施 1 次微肥，补充铁、硼、锌等微量元素。"

这下刘老汉心里算明白了，当初王老汉穴施微肥时，他不屑一顾，现在后悔也晚了。

这一年，由于黄叶病的影响，刘老汉的苹果比上年减产 50%，每亩比王老汉少收入 8000 元。

后来，每年秋后穴施微肥成了刘老汉管理苹果树的一道必不可少的生产工序。

第 122 道工序：整修树盘

一是翻地 20 厘米，增加土壤透气性；二是追施有机肥增加树体贮藏营养；三是对土壤进行改造，促进根系生长；四是树盘压玉米秸，既可防止杂草，又可保持土壤水分，腐烂后还能增加土壤有机质。

功夫在树外

老辈子留传下来一句话：立了冬，一身轻。意思是说，农民辛劳了多半年，粮食入仓了，农具入库了，该轻松一下了。可内丘县岗底村的果农们却不能轻松，他们采摘完苹果，又该整修树盘了。

什么是树盘？外行人不大清楚。树盘是一个通俗的说法，大体是指果树栽植的土地范围，也就是苹果树进行浇水施肥的操作区域。树盘说的是土地，而不是树。

岗底村从 20 世纪 70 年代就开始种植苹果树，但从不整修树盘，也不知道怎样整修树盘，直到 20 世纪 90 年代末，河北农大李保国教授来到岗底村指导果农管理苹果树后，他们才开始在冬季整修树盘。

在一次果农大会上，李保国教授这样说，宋朝有个大诗人叫陆游，他在传授儿子写诗的经验时说："汝果欲学诗，功夫在诗外。"意思是说不能就诗学诗，而应该把功夫下在掌握渊博的知识，参加社会实践，打好基础上。种苹果和写诗的道理一样，除了刻芽、拉枝、疏花、疏果等管理措施之外，还有基础性工作要做好，冬季整修树盘就是其中很重要的一项。

接着，李保国教授又详细介绍了整修树盘的方法和好处。一是翻地，由于经常在果园劳动，土地被踩实，影响根系呼吸，必须翻地20厘米左右，增加土壤透气性，这样有利于根系生长。二是施肥，主要是施有机肥，结合翻地，按照斤果斤肥的比例施足基肥，增加树体贮藏营养，为第2年果树发芽、开花、坐果等一系列生命活动打好基础。三是土壤改造，凡是沙性土壤，要掺一些黏土，防止漏水漏肥；黏土地要掺一些沙性土，增加土壤透气性，促进根系生长。四是秸秆覆盖，树盘压玉米秸后既可防止杂草，又可保持土壤水分，腐烂后还能增加土壤有机质。五是山地经过一年耕作、雨水冲刷等，地面受到破坏，为防止水土流失，必须进行修整。

当年冬季，岗底村178户果农多数都整修了树盘。剩下少数没有整修树盘的也有自己的理由：老辈子都不整修树盘，不是照样结苹果吗？

第1年，整修与不整修，苹果树没有什么两样；第2年，变化也不明显；第3年，到了苹果采摘时，整修与不整修，收益大不一样。凡是整修了树盘的果园，水土得到了保护，减少了水肥流失，苹果个头儿大、口感好，特级果和一级果多。没有整修树盘的果园出现水肥流失严重，虽然挂果也不少，但个头儿小、口感差，特级果和一级果少。公司收购苹果按质论价，没有整修树盘的果农每亩少收入约2500元。

李保国教授解释说，整修树盘，水、肥、土保住了，改良了土壤，增加了地力，树根深了，树体壮了，开花多了，结的果也就好了。

从此以后，岗底村果农冬闲变冬忙，整修树盘成了富岗苹果128道标准化生产工序之一。

第 123 道工序：灌封冻水

　　灌封冻水的最佳时期一般在白天最高气温 3 摄氏度、夜晚最低气温 0 摄氏度时为宜。灌封冻水能保障树体安全越冬。

冬灌时间早　春天开花少

　　俗话说："果园不冬灌，受冻又受旱；果园灌冬水，开春发得美。"这就是说果园土壤冻结前最好灌 1 次水。果园冬灌是实现明年春季发育旺盛、早开花多结果的一项重要技术措施。但是，冬灌的时间很关键，早也不行，晚也不中。岗底村果农杨老三就吃过这个亏。

　　杨老三在岗底村也是个管理苹果的能手，富岗苹果 128 道标准化生产工序背得滚瓜烂熟，每年向公司交售的优质苹果也最多。但是，人有失手，马有失蹄。有一年，杨老三采摘完苹果后，清理好果园，整理完树盘，又给苹果树干涂了白，看看果园里没啥活儿了，就托人在县城找了一个烧锅炉的临时工作。上班走之前，杨老三心想，再过十天半月就该给苹果树浇封冻水了，不如提前几天先浇了，省得到县城后还得向领导请假回来浇果园。

　　按照富岗苹果 128 道标准化生产工序要求，浇封冻水时间大约在 11 月底到 12 月初，杨老三却提前半月浇了封冻水。

到了第 2 年春天，杨老三的苹果树长得枝繁叶茂，郁郁葱葱。可是到了开花的时候，杨老三却发现苹果花比去年整齐度少了许多。这是咋回事？杨老三急忙把李保国教授请到果园，看看问题出在哪里。李教授仔细查看了一番，也弄不清是什么原因造成的，就问杨老三："去年是不是疏花、疏果不到位，造成了今年小年？"

"不可能！"杨老三说："我是严格按照 128 道工序的标准疏花疏果的。"

杨老三接着又说："今年春天，花前复剪、花前追肥、萌芽浇水一项管理措施也没落下。"

李保国教授想了想说："是不是去年冬天没浇封冻水？"

杨老三说："浇了，就是比咱规定的提前了十来天。"

李保国教授说："开花整齐度少的原因我知道了。"

"啥原因？"杨老三着急地问。

"都怨你封冻水浇早了。"见杨老三不理解，李保国教授解释说，"苹果园灌封冻水的最佳时间在果树落叶休眠后至土壤上冻前，如果灌水过早，由于当时气温过高，通过树对水的吸收，再加上大气蒸发，土壤水分达不到果树越冬要求，如遇到恶劣的低温天气时，将导致树体及根系冻伤，到第 2 年春季苹果花开时会出现花开不整齐、不旺盛等现象。若浇灌太晚，由于气温偏低，土壤板结，水分渗不下去，积水冻结，苹果园根部易遭受冻害，同样影响第 2 年开花结果。"

听完李教授的一番话，杨老三口服心服，感慨地说："128 道工序是个宝，不但一道不能少，实施起来也不能走样变调。"

第124道工序：刮老翘皮

随着树龄的增长，果树树皮不断增厚，且变得粗糙不平，失去弹性和伸展性，造成树体早衰，而且为许多病虫提供了越冬场所。在苹果树萌芽期，要及时刮除树干上的翘皮，刮到露出新树皮为止，切忌刮得过深伤及韧皮部。将刮下的翘皮运出果园集中烧毁。

栽个跟头学聪明

大年初一头一天，过了初二过初三。按照农村的风俗，过了正月十五元宵节，才算把春节过完，人们才开始到田里去干活。可刚过了正月初十，内丘县岗底村的果农安老汉就来到自家果园里，给苹果树刮翘皮。

虽然已过了立春，但山里的风硬，刮来了一阵阵寒意。安老汉刮翘皮刮了不到1个小时，头上就冒出了汗。他摘下毛巾擦了擦，喘了一口气，又来到另外一棵苹果树下。

安老汉可是岗底村的老果农了。20世纪70年代初在生产队里的时候，安老汉就给集体管理果园。那时候管理果园不像现在这么讲科学，无非是剪剪枝、打打药、浇浇水，收多少苹果算多少苹果。改革开放后，安老汉又第1个承包了集体的果园。后来岗底村通过治山治水，大力发展苹果种植，家家户户都有了苹果园。

1997年冬天，河北农大教授李保国来到岗底村，宣传推广苹果树先进的栽培管理技术，其中有一项就是给苹果树刮翘皮。

在果农大会上，李保国教授说，苹果树随着树龄的增长，树皮变得厚而粗糙，失去弹性和伸展性，阻碍水分、养分的输送，影响木质的加粗生长，从而削弱了树势，造成树体早衰。同时，入冬后梨小食心虫、红蜘蛛、卷叶蛾等害虫以及苹果的腐烂病、轮纹病等病菌，就会隐匿在果树的粗皮、翘皮和裂缝中越冬，来年继续危害苹果树。因此，在萌芽前刮掉老树翘皮，不仅可以减缓苹果树衰老，延长盛果期，而且还能有效防治腐烂病、轮纹病，消灭在树皮内越冬的害虫，减少来年病虫害发生，促进果实丰产优质。

李保国教授说，果树刮皮一般在初春进行，刮除主干和主枝外表全木栓化的粗翘皮、裂皮及剪口的残皮。刮皮后，要及时涂抹油质软膏，消毒杀菌。刮下的皮屑、病斑和虫体要收集起来，烧毁或深埋，防止二次传染。

一听说刮翘皮有这么多好处，果农们议论纷纷，表示要按照李教授说的办法做。可安老汉却不以为然，他私下说："人要脸，树要皮，刮树皮还不得把树刮死啊？我种了半辈子苹果树，没听说过给果树刮皮的。"

第1年，安老汉没有刮；第2年，安老汉还是没有刮；到了第3年，刮与不刮，效果明显。邻家的果树刮皮后，腐烂病、轮纹病控制住了，各种害虫明显少了，苹果树的长势更旺了。安老汉的果树腐烂病、轮纹病有增无减，虫害也越来越多。树势弱了，苹果的产量也下降了。安老汉感慨地说："老经验不管用，不信科技真不行！"

安老汉栽个跟头学聪明。村里举办果树管理培训班，他每期都参加；专家教授来讲课，他从没有耽误过；他还报名上邢台农校的果树栽培管理中专班。现在，安老汉管理苹果树，严格按照富岗苹果128道标准化生产工序生产，连续3年被评为岗底村的"科技示范户"。

第125道工序：苹果树形改造

对早年培养的基部三主枝疏散分层形的老树形，通过疏除主枝或高枝嫁接等措施，改造成纺锤形、垂帘形等优良树形，可以达到通风透光、优质高产的目的，同时可以延长果树寿命。

树形不行　贻害无穷

说起苹果树的树形来，可谓是五花八门，什么圆冠形、纺锤形、开心形、主干形、疏散分层形、小冠疏层形等，啥样都有。苹果的质量和产量与树形紧密相关，而采用什么树形又取决于苹果树的品种特性和栽植密度。谁违背了科学规律，谁就会吃苦头。

话说1996年8月，一场百年不遇的洪水突如其来，把内丘县岗底村100多亩河滩地冲得七零八落，河滩地成了一片乱石滩。支书杨双牛带领全村男女老少齐上阵，经过1年苦干，终于把乱石滩变成了肥沃的良田。1998年春天，经过全村村民讨论决定，把新修的河滩地全部栽种成苹果树，建成百亩果园。

那一年，村民杨振军和刘二能（化名）分别承包了3亩河滩地，按照村里统一规划栽种上苹果树。在河北农大教授李保国指导下，苹果树株距2.5米，行距4米，每亩平均栽种66棵。过去，岗底村在山上种的苹果树，都是株距4米，行距4米，每亩种40棵，现在每亩多种26棵能行吗？为了打消果农们的疑虑，李保国教授在果农大会说："过去我们采用的大冠稀植的栽培方法已经落后，现在我们采用的是小冠密植，保证丰产丰收。"

李保国教授停了一下，接着强调说："因为是密植，必须改变传统的修剪方法，改大冠疏层形为纺锤形。"

杨振军和刘二能的果园紧挨着，到了给苹果树定形的时候，杨振军按照李保国教授讲的将树形修剪成了纺锤形，刘二能还是采用传统修剪办法，将苹果树修剪成了基部三主枝大冠疏层形。

杨振军问他："为啥不按照李教授说的办？"

刘二能说："我在生产队里的时候就管理苹果树，咋修剪还能不知道？"接着又说："树和人一样，身大力不亏，树冠大结果多，树冠小结果少，有时教授说的也不一定完全对啊。"

杨振军的苹果树，按照富岗苹果 128 道标准化生产工序，第 1 年刻芽，第 2 年拉枝，第 3 年见果，第 4 年达到了丰产。

再看刘二能的苹果树，由于按老办法修剪，果树主干、主枝、侧枝、结果枝等俱全，树形复杂结构乱，到了第 5 年才挂果。刘二能不以为然地说："我这是老鼠拉木锨——大头在后边，将来产量一定超过你杨振军。"

到了 2002 年，刘二能的果园出现问题了。纺锤形苹果树定干是 0.9—1.2 米，他定干是 0.5 米，由于株距小，基部枝位低，不便开张，下部主枝过长，相邻的两棵树枝头交错，有的甚至延伸到另一棵树膛内，果园早早封了行，整体密不透风，光照差，不仅影响管理，而且影响产量。

又过了 2 年，由于上层枝过密过长，遮住了下层枝的光照，刘二能的果园郁闭，通风透光不良，造成了树冠周围有果、下层和内膛无花无果的状况，产量明显下降。

　　这下刘二能可真"能"不起来了，只好向富岗公司生产技术服务部的技术员求救。技术员告诉他说："要想改变现状，有两个办法，一是间伐，增加株距；二是把树形改造成纺锤形。"刘二能心想，现在苹果树正是盛果期，每亩刨掉 20 多棵损失太大，不舍得。只好对树形进行了改造。

　　在技术员的指导下，刘二能疏除过低大枝，将树干提高到 1 米。又剪去过粗过密大枝，再把水平枝拉成下垂枝。这来回一折腾，又耽误了两三年。里里外外算起来，刘二能的 3 亩苹果园比杨振军的 3 亩苹果园少收入了 5 万多元。

第126道工序：对成龄树逐年提干

采果后至落叶前，对定干过低的老苹果树进行逐年提干。每年去1—2个大枝，锯口要及时涂抹伤口愈合剂进行保护。通过逐年提干，解决通风透光不良、不便管理的问题，可增强树势，稳定产量，提高果品质量。

逐年提干保丰产

1996年，岗底村的杨双奎和杨和平合伙承包了村里10亩果园。3年后，二人将果园分开，各管各的。他们果园的苹果树都是1984年栽种的，已进入盛果期。

在管理过程中，杨双奎发现苹果树当年定干只有50厘米，底层大主枝花弱、果小、着色差，影响整个树势生长，并且不好管理。这个事儿成了杨双奎的一个心病。

2006年，杨双奎去日本长野县果树研究所学习考察。长野县的果树和蔬菜栽培技术很发达，号称"园艺王国"，富士苹果就是在那里培育成功的。学习考察期间，杨双奎发现日本的成龄苹果树底层大主枝离地面最低的80厘米，最高的1.5米。他问果树研究所的教授："日本的苹果树为什么定干这么高？"教授回答说："过去，日本在苹果生产上普遍存在着群体结构过密，定干过低，树冠基部主枝过多，侧枝密闭，通风透光不良，病虫害严重，树体生长变弱，产量和质量下降，经济效益低的问题。为了改变这种状态，我们经过多年试验，采取对成龄苹果树逐年提干的措施，保证了苹果的产量和质量。"说着，教授找出一份他们的实验报告：

1. 提干对叶面积指数和叶比重的影响：由于提干去掉了基部的大主枝，随着干高增加，单株叶面积减少，从干高40厘米到80厘米，叶比重有明显上升趋势，这充分说明提干修剪调节了树体营养分配，减少了寄生叶，进而影响了叶片的质量。

2. 提干对坐果率的影响：干高不同，其开花坐果率也不同。干高80厘米开花坐果率最高，这时的高度正好，光照充足，适宜蜜蜂采蜜。干高40厘米开花坐果率最低，干太低接近地面，蜜蜂不愿去采不见阳光的蜜。就是刮风飘起的花粉也不会落到接近地面的花朵上，所以接近地面上的枝很少结果，就是结果了一般也没有优质果。

3. 提干对果实大小和果形的影响：提干对苹果果实的大小和果形有一定的影响，干高80厘米时单果重平均为250克左右，干高40厘米时单果平均重为210克，二者之间有明显的差距。提干使果实纵横径有很大的差别，干高80厘米纵横径最大，干高40厘米纵横径最小。

4. 提干对果实着色的影响：干高40厘米时苹果果实着色最浅，随着干高增加到80厘米时，果实着色逐渐加深，外观更加漂亮。

从日本学习考察回国后，杨双奎立即在自己的果园里进行苹果树提干试验。有人问："你锯那么多枝子，不影响产量吗？"杨双奎解释说："疏除了主干上近地的过旺主枝，减少了单株枝量，增加了短枝数量，有利于缓和树势。虽然造成当年产量降低，但树体整体光照条件得到改善，果品质量明显提高，有利于第2年和第3年产量的稳步上升。树体生长结果达到平衡后，就能增产，增加效益。"

杨双奎每 2 年提干 1 次，不但没有减产，反而保证了苹果树的稳产、高产。杨和平见杨双奎通过给苹果树提干，同样的苹果树产量比自己的高，质量也比自己的好，心里服劲儿了，也开始给自己的苹果树提干。2 年后，杨和平的苹果的产量和质量有了显著提高。其他果农见状，纷纷效仿，岗底村苹果树实现了稳产、高产，经济效益不断提升。

第 127 道工序：采取高枝嫁接办法换优

对品种不好的苹果树，通过高枝嫁接措施进行改良。具体方法是：利用现有苹果树做砧木，选择优良品种做接穗，进行高枝嫁接。采用插皮或劈接均可。嫁接口要用塑料条缠绕保护。高枝嫁接后，苹果树 2—3 年就能恢复树冠。

追悔莫及

岗底村村民杨国春如今 70 多岁了，每当说起 20 年前苹果树高枝嫁接那桩事来，都追悔莫及。

20 世纪 80 年代初期，岗底村开始治理荒山，栽种苹果树。那时候也不知道栽种什么品种好，就稀里糊涂地种了几十亩短枝型的新红星苹果树。到了 1992 年，村委会把苹果树包给村民，杨国春也承包了 3 亩苹果园。按当时的管理水平，苹果树一般第 5 年开始结果，第 8 年达到丰产期。可不知咋回事儿，岗底村的那几十亩短枝型的新红星苹果树到了第 10 年，产量还上不去，而且树冠弱小，成了"小老树"，承包户心里都很着急。村委会从林业局请来了技术员，技术员看了后说："短枝型的新红星苹果树适宜在高水肥的平原栽种，你们这里是山区，土地瘠薄，不适合短枝型的新红星苹果树生长。"

几个承包户忙问："那可怎么办？"

技术员说："只能采取高枝嫁接的办法更换品种。"

　　高枝嫁接通常叫作"高接换头"。果树用高枝嫁接技术淘劣换优，比伐后再植换种的方法缩短了果树达到结果期和丰产期的年限，并可有效避免再植障碍病的发生，是一项加速推广、普及优良品种、提高经济效益的有效途径。

　　接着，技术员详细讲解了苹果树高枝嫁接的时间、方法和注意事项。苹果树枝接从 4 月中下旬树液开始流动时，一直到苹果树开花前都可进行。嫁接时，用刀将被嫁接树枝表皮切成"T"型的开口，然后，将空管的接穗，按"T"型开口的形状、大小将接穗整好，插入被接树的开口内，包扎好就行了。

　　几户果农在技术员的指导下，把短枝型的新红星苹果树全部嫁接成了红富士品种，唯独杨国春无动于衷。杨国春心里有个小九九：现在短枝型的新红星苹果树虽然产量不高，但每年都能成个钱。如果采取高枝嫁接 3 年后才能结果，要是嫁接不成功，可就亏大了。村干部几次催促杨国春把短枝型的新红星苹果树嫁接成红富士，他总是"中中、行行"，就是不见行动。1996 年，村委会研究决定，收回了杨国春的承包权。

　　再说那几户果农采取高枝嫁接后，第 3 年就结了果，通过按照 128 道标准化生产工序精心管理，长势一年比一年好，收入比原来的短枝型的新红星苹果提高了好几倍。这下，杨国春后悔了。他找到村委会，想把那 3 亩苹果园要回来，可是那 3 亩苹果园已经包给了王海奎，并且早已嫁接成红富士苹果。

　　现在，苹果树高枝嫁接已成了富岗苹果 128 道标准化生产工序中的一道。岗底村果农对那些因苗木不纯或出现变异退化等造成果品质量差的苹果树，都是采用高枝嫁接的方法更换品种。过去嫁接苹果树，都是第 1 年嫁接，第 2 年拉枝刻芽，第 3 年结果。经过多年试验，岗底村果农实现了头年嫁接，第 2 年结果，把苹果树的结果期和丰产期提前了 1 年。

人误树一春　树误人两年

邢台县赵庄村农民赵天喜，见别人种苹果发了财，自己也种了两亩半苹果树。6 年之后，苹果树到了丰产期，望着挂满枝头的苹果，赵天喜心里美滋滋的。

到了收获的季节，赵天喜把苹果拉到市场去出售，却很少有客户问津。一打听，原来是自己的苹果品种不行。别人的苹果卖 6 块钱 1 公斤，他的 2 块钱 1 公斤客商还不想要。有人建议他把树刨了，更换新品种，赵天喜不舍得。

2004 年春天，富岗集团生产技术服务部的技术员来到赵庄村宣传推广富岗苹果 128 道标准化生产工序，赵天喜像见到救星一样，立即诉说了自己的苦恼。技术员告诉他，可采用高枝换头的办法，对苹果树进行更新改造。

赵天喜不解地问："什么叫高枝换头？"

技术员介绍说，高枝换头是对老品种苹果树进行更新改造的一项技术措施，就是通过高枝嫁接，实现当年恢复树冠、第 2 年结果、第 3 年丰产的目的，比重新栽种苹果树提前 2 年进入丰产期。

赵天喜一听，喜出望外。在技术员的指导帮助下，赵天喜把两亩半苹果树通过高枝换头技术，嫁接成市场上畅销的红富士苹果。当年嫁接的枝条全部成活，到秋后就长到了 1 米多长。

第 2 年春天，富岗公司的技术员又来到赵天喜的苹果园，对他说："现在是拉枝、刻芽的最佳时期，通过拉枝、刻芽，明年就能开花结果。"随后，技术员还在一棵树上为他做了示范，赵天喜掌握了全部技术要领后技术员才离去。

苹果树拉枝、刻芽是一个费工费时的活儿，赵天喜弄了不到 1 亩，地里的其他活儿也上来了。赵天喜心想，苹果树拉枝、刻芽过一段时间再弄也不迟，耽误了春播，就会影响一年的收成。于是，剩下的 1 亩多苹果树没有拉枝、刻芽。

到了 7 月份，赵天喜想起还有 1 亩多苹果树没有拉枝、刻芽，就来到果园。他发现没有拉枝、刻芽的枝条发粗了，而且又冒出许多新枝条。赵天喜试着拉了几个枝条，嫌费劲麻烦，索性不干了。他给富岗公司生产技术服务部的技术员打电话，问怎么办。技术员告诉他，错过了拉枝、刻芽的最佳时机，没有别的更好的办法，只有等到明年春季修剪后，再过一年才能拉枝、刻芽。

赵天喜一听傻了，剩下的 1 亩多苹果树要晚 2 年才能结果，但已追悔莫及。直到 2015 年时，那 1 亩多还没有及时拉枝、刻芽的苹果树，树冠周围有果、内膛光秃，产量比其他树少 1/3。

第128道工序：分期成片对老果园进行更新改造

对病害严重、产量低、效益差的老果园进行改造时，要分期成片进行，尽量减少因全园改造带来的经济损失。切忌零敲碎打，造成树龄不一，难以管理。

分期分批见效快

岗底村有500亩老果园，苹果树的树龄都在30年以上。这些老果园由于管理得好，虽然产量不低，但果品质量不如从前，特别是果面比较粗糙，没有光泽。果树和人差不多，老人的皮肤保养得再好也没有年轻人的柔软光滑。俗话说，货卖一张皮。果面不好，就会影响价格，减少收入。

村里有个果农叫杨三和（化名），他想把自己承包的4亩老果园更新换代，怕影响收益，就采取零敲碎打的办法，对那些产量低、果品差的老树，今年刨2棵栽上新树，明年又刨掉3棵栽新树。这样一来，果园里苹果树"四世同堂"，参差不齐，不仅不好管理，而且新栽的小树生长缓慢，长势一直不旺。其原因在于刨掉老树后，两边的树有了空间，树冠扩大很快，一两年就占满地盘，压得小树长不起来。这就是常说的那句俗话："人下人能活，树下树难长。"

老果园更新改造，对于提升果园经济效益，带动果树管理水平迈上新台阶，实现果品产业转型升级、提质增效具有重大意义。由于过去栽培技术落后，把老树刨掉重建果园，5年后才能见到效益。所以，不少果农对老果园更新改造积极性不高。

针对这个问题，河北农大李保国教授提出了分期分批改造老果园的办法。也就是说第1次改造1/3，等新树到达丰产期后，再改造1/3，直至全部完成老果园的更新改造。李保国教授提出的"分期分批"改造老果园的办法到底行不行，富岗公司主管苹果栽培技术的副总经理杨双奎先在自己的老果园进行了试验。

杨双奎有3亩多老果园，树龄超过了30年。第1次，他刨掉了1亩多老果树，栽上3年的大树苗，当年拉枝刻芽，第2年收获苹果500公斤，第3年产苹果1500公斤，第4年进入盛果期。比原来的栽培方法提前2年达到盛果期。

杨双奎改造老果园的实践，让岗底村的果农大开眼界，开始分期分批改造更新老果园。全村500亩老果园如果全部改造完毕，可为果农增加经济效益100多万元。周围村的果农听说后，也纷纷前来参观学习，回去后立即动手对老果园进行"分期分批"改造更新。